哈雷大衛森

世界重機聖經

品牌故事╳經典車款，超過 570 張精美圖片
一窺最受歡迎重機品牌的百年革命進化

HARLEY-DAVIDSON

The Most Revered Motorcycle in the World Shown in Over
570 Glorious Photographs

麥克·戴爾米德　著　楊景丞 譯
Mac McDiarmid

致 謝

出 版 者 的 話

　　有鑑於以下內容所介紹的摩托車具有獨特的美國血統，引擎排氣量通常以英制單位（立方英寸）表示，並以括號表達公制對照數值（cc）。不過，就連哈雷大衛森的員工在單位的使用上都有點隨意，論及重型雙缸引擎時喜歡用立方英寸，提到Sportster車款則用cc數表達，我們同樣採用了這個描述方法。

　　哈雷引擎的排氣量也應該小心注意，從早期開始，哈雷車迷引述且使用的英制尺寸也是偏向簡略的表達，與實際大小僅大致相符。在最近，就連「80英寸」的Evo引擎，實際測量結果卻是81.8立方英寸迹差距至少29cc。在一般情況下，描述一款引擎的排氣量是「某英寸」時，指的是通俗用法，以「立方英寸及／或cc」表示的尺寸，則是按照記錄表示的準確數據。

我們相信這種歷史上的小誤差不會減低讀者閱讀的樂趣。

雖然在付印前，書中的資訊被認為是準確無誤，
但作者及出版商對於文中出現的錯誤及疏漏概不承擔任何法律責任或義務。

出版者想感謝以下人員及單位熱心授權，同意讓我們翻印他們的照片：

John Bolt
44tr, 45tr, 49b, 59br, 77b, 84bl, 100 (all), 101tl/tr/br, 110–1, 112 (all), 113 (all), 114 (all), 115 (tr/b), 150–1, 153tl, 166t, 168b, 182t.

John Caroll
93b, 102t, 160br, 164t/mr/b, 165bl.

Alan Cathcart
128tl, 250, 251t.

Bob Clarke
30m, 34t, 41tl, 43t, 64t, 84tr/br, 85bl, 89m/b, 96bl, 102bl/br, 103 (all), 105t, 123b, 125bl, 126ml, 140 (all), 163tr, 165m, 168t, 169b, 181b, 188–9, 209m, 231 (all), 234–5, 240t, 241t/b, 243t/m, 245t, 246bl, 248b, 253 (all).

Classic Bike
148b, 184b, 202b, 203t,

Neil Dalleywater
43br, 74bl, 160bl, 192t, 233t.

Kobal
96t/m, 97tr, 127t, 127br.

Mac McDiarmid
1c, 8–9, 28t/b, 33, 35b, 41tr, 45b, 47tl/b, 49t, 60t/m/br, 61tr, 62 (all), 63tl/b, 64b, 65 (all), 66 (all), 67 (all), 71 (all), 72t, 73br, 74t/bl, 76t, 78t, 82 (all), 83 (all), 84tl, 86–7, 94–5, 97tl/bl/br, 101bl, 105b, 106 (all), 107 (all), 108tr/b, 109 (all), 115tl, 120b, 122t, 123tl, 124 (all), 125m/br, 128b, 135tr, 138t, 146b, 147tr, 152t, 153tr/b, 157t, 170–1, 172 (all), 174t, 175tl, 177t, 178m, 179t, 182m/b, 193t, 194t, 195tl, 196bl/br, 197tr, 206 (all), 207t/m, 210–1, 212m/b, 213m, 214t/m, 215t/m, 218–19, 220t, 221t, 228–9, 244 (all), 245m/b, 247m, 249tl/m, 251bl/br.

Don Morley
2, 13br, 21b, 35t, 42b, 59tl, 128tr, 132–3, 141, 155, 183, 246t/br, 247b, 248t, 249tr.

B. R. Nicholls
121t, 126b.

Quadrant
6, 130, 180t, 227.

Tony Stone
50–1, 159.

Garry Stuart
3b, 5b, 11t/ml, 12tl/tr, 13bl, 14bl/br, 15t, 16t/bl, 18b, 19 (all), 20 (all), 21t, 22t/b, 23t, 24 (all), 25 (all), 26 (all), 27 (all), 29 (all), 30t/b, 31 (all), 32 (all), 34b, 36 (all), 37 (all), 38 (all), 39 (all), 40 (all), 41b, 42t, 43bl, 44tl/b, 45tl, 46 (all), 47tr, 48 (all), 50tl/b, 58b, 60bl, 61tl/b, 68–9, 70 (all), 72b, 73t/bl, 75 (all), 76b, 77t, 78b, 85tl/tr/br, 88br, 90 (all), 91tl/m, 92t/b, 93t, 98 (all), 99 (all), 104b, 108tl, 116–17, 119t/b, 121b, 122b, 123tr, 125t, 126t/mr, 129tr/b, 134 (all), 135tl/b, 136 (all), 137 (all), 138b, 139 (all), 142–3, 144 (all), 145 (all), 146t/m,
147tl/b, 148t, 149 (all), 152m/b, 153m, 154 (all), 156t/b, 157m/bl/br, 158t/b, 160t, 161 (all), 162 (all), 163tl, 163m/b, 164ml, 165bl, 166m/b, 167t/b, 168m, 169t, 173t/b, 174b, 175tr/b, 176 (all), 177b, 178t, 180b, 181tl/tr, 186 (all), 187 (all), 190 (all), 191 (all), 192b, 193b, 194b, 195tr/b, 196t, 197tl/b, 198t, 199ml, 200–1, 203b, 204 (all), 205 (all), 207b, 208m/b, 209m, 213b, 214b, 222 (all), 223 (all), 224b, 236 (all), 237 (all), 238 (all), 239 (all), 240bl, 241m, 242m/b, 243b, 247t, 249, 252.

說明：t=上圖 b=下圖 l=左圖 r=右圖 m=中間圖 tr=右上圖 tl=左上圖 ml=中間左圖 mr=中間右圖 bl=左下圖 br=右下圖 lm=左中圖 tmr=上方中間右圖 tml=上方中間左圖
其餘相片皆由哈雷大衛森公司所提供。

CONTENTS

哈雷大衛森的世界

哈雷大衛森的演進史	8
代表人物與重要據點	54
驅動哈雷的引擎	68
扮演的角色與戰爭的洗禮	86
為馳騁而生	94
獨一無二的量身訂製	110
競技場上的哈雷	116

經典車款

單缸引擎	132
輕型摩托車	142
最初的雙缸車款	150
頂置氣門雙缸引擎	170
Sportster	188
Softail	200
Low Rider 和 Dyna	210
Glide	218
Buell	228
賽車	234
詞彙表與車款代號	254

哈雷大衛森的世界

哈雷大衛森的標語寫道：「若你非問不可，那說了你也不會懂。」究竟是什麼讓哈雷大衛森如此特別？這間公司生產摩托車，沒錯，但它遠遠不只是一家摩托車製造商──哈雷也造就了許多傳奇。這間公司已然成為美國的指標，將重金屬製作成人們的狂熱愛好、鑄造出一種生活方式，實現人們的夢想。身為摩托車界的傳奇──常被模仿，永遠無法被複製──沒有什麼能與哈雷大衛森匹敵。

如今，在世界各地，哈雷摩托車就像美國星條旗能一眼被認出，如麥當勞一般無所不在，其耐用率性的特質，也像Zippo打火機和Levi's一般受到珍視。哈雷摩托車出現在電影和廣告中，成為名人和明星的代步首選。貓王就擁有一輛，就連T恤上的標語也說上帝會騎哈雷。只要一有新車出廠，人們便向車行蜂擁而至。在兩次世界大戰及損失慘重的經濟大蕭條中，哈雷象徵著一種美式生活的獨特面向。

哈雷大衛森在摩托車界中擁有最悠久的歷史，幾乎就等於摩托車本身的歷程，而「*哈雷大衛森的世界*」就是一個講述美國傳奇誕生的偉大故事。

哈雷大衛森的
演進史

從1903年一間位於密爾瓦基地下室不穩定的起點開始，哈雷大衛森見證了一個混亂動盪的世紀，並在經歷各種考驗後依然屹立不搖。哈雷曾經是世上最大的摩托車製造商，銷量在1950年代銳減到一年僅有1萬輛，而逐漸增加的競爭對手——從歐洲開始，接著是日本——也讓這位曾經自豪的巨人瀕臨倒閉。到了1970年代，面臨公司易主、市場定位模糊、還有停滯不前的車系發展，除了死忠粉絲以外，幾乎所有人都在看笑話，甚至在1980年代中期，這間生氣蓬勃的夢工廠實際上已經破產。

如今，這間公司正蓬勃發展，充滿創新的車款造型和優秀的行銷，加上現代化的製造技術，密爾瓦基的驕傲將會充滿自信地駛向未來。

草創初期

20世紀初期，在工業化的世界中，身處骯髒工作坊的年輕男性忙著對許多各式各樣新奇的機械裝置修修補補，光是在威斯康辛州，可能就有數百位充滿熱情的外行菜鳥。不過開啟一則美國傳奇的，卻是兩位未受過維修訓練的密爾瓦基年輕人。

故事始於1900年，這一年是戈特利布・戴姆勒（Gottlieb Daimler）打造出世上第一輛動力兩輪車的15年後，距離第一次生產製造僅過了6年。威廉・西爾維斯特・哈雷（William Sylvester Harley）與亞瑟・大衛森（Arthur Davidson）聚在密爾瓦基的一間地下室裡，一心只想著摩托車。

早年留下來的資訊都相當粗略，因此他們熱情的來源已不可考。早在1895年，愛德華・喬爾・潘寧頓（Edward Joel Pennington）曾在附近的威斯康辛大道展示他原始的摩托車發明，我們無法得知這兩位年輕人有無在場目睹，但五年後的一場綜藝節目卻讓他們印象深刻。在那場表演中，喜劇演員安娜・赫德（Anna Held）在密爾瓦基珠寶劇院（Bijou theatre）騎著一輛法國製造的摩托車在舞台上穿梭。

哈雷當時年僅20歲，而大衛森也只有19歲。兩人從學生時代就是朋友，而在意想不到的情況下，在他們聚在密爾瓦基的地下室合作前，碰巧已經累積了一些他們夢想所需的技能。

■上圖：開創元老，由左至右為：亞瑟・大衛森、華特・大衛森、威廉・哈雷及威廉・大衛森。

■下圖：據信為哈雷大衛森的第一個產品，目前已完整修復，放在位於朱諾大道總部大廳中最顯眼的位置。

根據德迪翁布東製造商（De Dion-Bouton）的引擎設計。1901年7月20日的一張草圖顯示了一個7.07立方英寸（115.8cc）的引擎，缸徑乘衝程（bore and stroke）為50×55mm，在安裝到腳踏車上後，動力表現令人失望。

　　不過至少有一個以上的原型留了下來，包括一個「時速能達到驚人的25英里」，測量大小為10.2立方英寸（167cc）的引擎。他們很快就瞭解到，如果想提升引擎速度，就需要有更多專家參與，首先他們需要一個技術高超的技師。幸運的是，亞瑟的二哥華特·大衛森（Walter Davidson）碰巧就是一名技師。

　　華特當時在堪薩斯州帕孫斯當鐵路機械工，為了參加大衛森家的第三個兄弟，威廉·A（William A.，小名比爾）的婚禮回到密爾瓦基。亞瑟寫信給華特，請他來試騎他們的新摩托車，華特後來才發現（「可以想像我有多懊悔」）他還得先幫忙打造。儘管如此，他一定是非常喜歡這個想法，甚至在密爾瓦基找了份工作，並加入團隊。在最年長的大衛森兄弟，同時也是一

　　哈雷當時是繪圖員，在腳踏車製造業工作了六年；大衛森是模型工，跟哈雷在同一間公司工作，負責製作小型汽油引擎。幸運的是，他們有一位德國同事，對創新的歐洲摩托車相當熟悉。第一個哈雷大衛森引擎的製作發生在1900或1901年，而且應該是用當時能取得的DIY套組製作，其大致上是

位鐵路工具匠領班的威廉加入後，創始成員來到了四位，而他們也展開了一生最精彩的旅程。

　　哈雷大衛森真正的第一具引擎是在1902到03年間建造的，當時於本地製造的默克爾（Merkel）和米契（Mitchell）摩托車已成為密爾瓦基生活中習以為常的一部分了。哈雷大衛森引擎的缸徑乘衝程為76.2×88.9mm，排氣量為24.74立方英寸（405cc），但包含了許多技術上的提升。新的引擎屬於F-head配置，有著比之前更大的散熱片，飛輪也更大，其直徑將10英寸（250mm）。有些引擎零件是在朋友亨利‧梅爾克（Henry Melk）的車床上製造的，而其他部分則是在威廉‧A‧大衛森任職的密爾瓦基鐵路公司工具間裡，混在外銷貨物中偷偷鑄造的。相傳第一個化油器是用廢棄的番茄罐頭製作的（這很明顯是指1901年的引擎），比爾‧哈雷後來也說那個花了他們高達三美元製作的火星塞「跟門把一樣大」。

　　在設計方面提供協助的是亞瑟的兒時朋友奧勒‧艾文魯德（Ole Evinrude），他當時已經在製作自己的液冷式引擎，後來將以他的

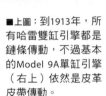

■下圖：一對富裕的伴侶與Model 9A，攝於1913年。

船外機而成名。化油器的配置被認為是艾文魯德的功勞，但其他零件可能也是他發想的——尤其是哈雷摩托車至今仍在使用的滾輪挺柱。這個引擎重達22公斤，安裝在一個類似當時默克爾車型的框形車架上，安裝地點位於大衛森家的後院——37街315號。這個地址現在改為38街，目前由釀酒業巨頭米勒釀酒公司（Miller Brewery）所擁有，離朱諾大道距離不遠。

哈雷大衛森摩托車公司

在1903年，也就是萊特兄弟成功升空的同一年，哈雷大衛森團隊打造出他們第一輛摩托車，並準備好製造出類似的產品來銷售。這輛

■左圖：1915年的哈雷團隊，左起：奧圖・沃克（Otto Walker）、哈利・克蘭道（Harry Crandall）、喬・華特（Joe Walter）、「紅頭」帕克赫斯特（Red Parkhurst）、艾瓦・史崔頓（Alva Stratton）及勞夫・庫伯（Ralph Cooper）。

帥氣的摩托車是亮黑色配上金色細條紋，單框鋼管車架，沒有裝彈簧的前叉，以及皮革皮帶直接從曲軸做最終傳動。額外的動力需要由踏板提供，也是唯一的制動力。他們在1904年間生產了多少輛摩托車，至今依然不清楚；有消息來源指出數字可能介於1到8輛之間，但其實不太可能超過3輛。不論生產了幾輛，每輛摩托車都是在大衛森家後院一間長4.5公尺、寬3公尺的小屋內所組裝的。小屋是由孩子們的父親所蓋的，他是一位家具木工。雖然小屋不大，但前門上卻印有傳奇的「哈雷大衛森摩托車公司」字樣，表現出低調的自豪。

　　哈雷的第一輛摩托車有它自己精彩的故事。它載著第一位主人梅爾先生（Mr. Mayer）前進了

將近6000英里，然後第二位主人喬治・萊昂（George Lyon）又騎乘了1萬5000英里。摩托車接著依序賣給了一位韋伯斯特醫生（Dr. Webster），再來是路易斯・福盧克（Louis Fluke）和史蒂芬・史派羅（Stephen Sparrow），三人加起來總共騎乘將近6萬2000英里，過程中幾乎沒碰上什麼問題（總里程數13萬4000公里）。到了1913年，公司決定宣傳摩托車的功績，推銷一個可靠旅行工具的形象：「原廠軸承可以跑10萬英里，而且無須更換主要零件」。哈雷大衛森的引擎也用在「躍板馬車」上（一種四輪馬車），而公司最早的廣告也推薦把引擎裝在船上。

■下圖：這個1913年單缸引擎的慶賀修復品，在油箱上印有第一間工廠（位於密爾瓦基的朱諾大道上）的圖樣。

■上圖：頂進氣側排氣的配置在這具早期的「雷諾灰」單缸引擎上清楚可見。

■左圖：左邊是威廉・S・哈雷，右邊是華特・大衛森，兩人踩在石頭上，要將一輛摩托車搬過溪流，攝於1912年。

摩托車的生產在1905年提升到7輛，當時公司聘請了第一位外部員工，並迎來了他們第一位經銷商——來自芝加哥的C・H・朗（C.H. Lang），他在後來12年內將成為美國最大的摩托車經銷商。1906年，「雷諾灰加紅色細條紋」成了黑色以外的另一個顏色選項，該車款被稱為「安靜的灰色夥伴」，反映其沉靜及可靠的特色。

此時的引擎排氣量已經增加到26.84立方英寸（440cc），而最新型號的定價也來到200美元。

到了1906年，生產數量已經提升到50輛，促使公司從原本位於37街與高地大道原址的小屋搬遷到現今位於朱諾大道的地址。後來發現新工廠有一部分面積占據了鐵路公司的土地，幸好這間「工廠」是一棟木造建築，大小為9×25公尺，八到十個人就能夠搬移到適合的位置。

公司擴張的資金來自一位親戚詹姆斯・麥克萊（James McLay），由於他的大方和養蜂的嗜好，又名「蜂蜜舅舅」。這項充滿關愛的資金挹注比任何人想像得更為慷慨，讓位於朱諾大道的工廠變得生意興隆，全年無休。

突飛猛進

到了1907年，公司的發展逐漸上了軌道，並成為「哈雷大衛森股份有限公司」。華特是最大的股東，再來是亞瑟，兩位威廉則並列第三，一位大衛森家的姊妹伊麗莎白（Elizabeth），也明智地在公司發展初期就買下哈雷大衛森的股份（到了1916年，大衛森家族的股東有17位，多過哈雷家族的3位）。當時的發展令人興奮，公司已經額外

■下圖右／左：一具未經修復的原始1915年61英寸F-head雙缸引擎，可以看到踏板輔助依然保留著。

雇用了員工；威廉‧哈雷開始在威斯康辛大學麥迪遜分校攻讀工程學位；華特正在研究金屬熱處理的奧祕；而這間企業與身為公司祕書兼銷售經理的亞瑟，正以更為專業的方法來進行生產和訓練員工。這間公司或許是由四位熱情勝過才能的年輕人所創立，但他們對自己的公司抱持著雄心壯志。那一年，他們至少生產了150輛摩托車，並在12個月內賣出了第一輛給警方作為勤務交通工具，後來更是賣出上千輛。

即便如此，想取得更大的進

■上圖：一個稀有的1914年Model 10C單缸引擎，與極度複雜的兩段變速後輪轂。

■下圖：用於鄉村地區郵政服務的哈雷大衛森附邊車摩托車。

步，想當然就需要比現有單缸引擎車款更有野心的新摩托車，因此現有的引擎在1909年擴大到了30.17立方英寸（495cc）。1908年，威廉‧哈雷從大學畢業，繼續研發更強力的引擎。他們在一年後取得成果，發表了公司第一具雙缸引擎車款Model D——基本上就是裝上兩個單缸引擎，以及強化的下半座。

該車款於1909年2月15日正式上市，然而第一個原型似乎早在1906年就已經打造出來。在1908年4月的一篇媒體報導中，清楚提及一個53英寸（869cc）的哈雷雙缸引擎，而同年7月，一具私人擁有的哈雷大衛森雙缸引擎，贏得了在伊利諾州阿岡昆舉辦的一個登山比賽。

不論確切的發展史為何，Model D雙缸引擎屬於頂進氣側排氣的設計，排氣量為53.7立方英寸（880cc），能輸出6馬力，最高時速接近時速100公里，兩個汽缸則以標誌性的45度角展開。

參加聖荷西的道路賽，以領先至少27公里的距離獲勝時，他們依舊不願參加比賽。不過比爾·哈雷在兩年後創立了一個工程競賽部門。

Model D雙缸引擎的能耐在1908年6月獲得了充分的證明，華特騎著他們的一輛摩托車得到了第一場「正式」競賽的勝利，該比賽是在紐約州卡茨基爾山脈舉辦的雙日耐力賽。僅有哈雷得到「完美的」滿分一千分，勝過所有其他更被看好的61輛摩托車。出乎意料且令人難堪的是，第一具雙缸引擎受到閥動裝置的問題所困，在1910年間中止生產。

儘管在競賽中屢次得勝，公司依舊連年拒絕參與正式賽車，就連某位私人車主帶著新的61英寸（989cc）X8E雙缸引擎（第一輛有離合器的哈雷摩托車），在1912年

可靠的雙缸引擎

當V型引擎在1911年以「50英寸」（810cc）重新出現在Model 7D上時，可說是不遺餘力地生產出了一輛對得起哈雷大衛森名聲的摩托車。不只用合適的機械閥替換掉時好時壞的自動進氣閥，也在容易發生滑動的皮帶最終傳動加上了可調式張力器。

這個車款另一項值得注意的改進，是改良過的引擎安裝在一個更堅固的新引擎架中。

一年後，一個61立方英寸（989cc）的版本——鏈條傳動的Model X8E———加強了上述的發展。在第二次嘗試中，哈雷成功

■下圖左：從1919年開張以來，這間朱諾大道工廠就一直是哈雷大衛森的據點。

■下圖右：哈雷的第一位賽車領導員威廉·奧塔維（William Ottaway），跨坐在1924年的Model JDCA上。

■右圖：1929年，高登（Gordon）、小華特（Walter Jr.）和艾倫·大衛森（Allan Davidson）三人坐在摩托車上，於舊金山一場越野騎乘後合影。

解決了問題所在，而V型雙缸引擎（V-twin）也在密爾瓦基的歷史上取得了一席之地。

1908年，這間快速擴張公司的產量攀升到450輛，生產地點換成了一座221平方公尺的全新磚造工廠，並雇用了18名員工。幾乎每週都有新的機具送達，並準備運作。傳說是「等水泥一乾就啟動」，而且感覺在短短的一瞬間後，機器似乎就變得過時了。兩年後，有149

■右圖：
哈雷大衛森第一具V-twin引擎，於1909年問世，排氣量為49.5立方英寸（811cc）。

名員工在另一間全新的工廠埋頭苦幹，而新工廠則是885平方公尺的鋼筋混凝土結構。

在新的5馬力、35立方英寸單缸引擎車款（565cc 5–35）於1913年問世時，公司已經建立了良好的名聲，他們生產的摩托車不論是自用或參加比賽，表現都相當可靠。在這個日新月異的時代，公司依舊勇往直前，甚至成立了獨立的零配件部門。此時有超過1500名員工在為公司效力，而在十年內，他們的生產廠房也從一個彈丸之地擴大到將近2萬8000平方公尺。生產數量從1905年的8輛摩托車，飆升到1911年的1149輛，甚至在1916年來到1萬7439輛，而那也是美國加入第一次世界大戰的前一年。

雖然尚未在業界稱霸，但在1913年，於美國製造的7萬輛摩托車中，哈雷的產量就佔了百分之十八。

然而很快地，這一切都將改變，這股成長的能量即將受到「山姆大叔」徵召所用。

戰爭與和平

1917年4月6日,美國對德國宣戰。哈雷在和平時期的成功公式突然面臨完全不同的需求,若是五年前,他們可能會有些措手不及,但在1917年,這間正在擴張且後勢看漲的公司已經準備好上戰場了。

在供美軍使用的2萬輛摩托車中,多數為哈雷製造,主要是61英寸的雙缸引擎車款。確實,戰爭對公司的展望有所助益,比起美國摩托車製造商,競爭對手歐洲製造商遭到排斥的時間更長(1914到1918年),因此,總部位於密爾瓦基的哈雷能藉機拓展海外的市場及名聲。到了1918年,在獲得M&I銀行(M&I bank)300萬美元貸款的情況下,哈雷大衛森成了世界最大的摩托車製造商。在一年內,「哈

■上圖:哈雷研發軍用摩托車的速度相當快,包括在車上搭載機關槍。

普」施勒(Hap Scherer)被任命成為哈雷大衛森第一位公關經理。到了1921年,他們的產品已經在67個國家、超過2000個經銷通路販售,產品目錄包含7種不同的語言。而在戰爭的動盪塵埃落定後,密爾瓦基工廠的產量有六分之一都是作為出口販售之用。

戰爭的餘波有著其他更難以預測的副作用,其中一個就是保留了軍綠色作為原廠顏色,取代了戰前的白灰色。另一個更深遠的影響則與訓練有關。為了幫助軍方人員維

■下圖:結果證明,密爾瓦基工廠製造的邊車,不管是軍用或民用都非常受到歡迎。

■右圖：板道賽車是哈雷最精簡的車型，甚至剔除了制動器。

持密爾瓦基工廠產品的可靠性，在1917年成立了哈雷大衛森維修學校（Service School）。起初是想作為軍用設施，並且像技師一樣提供騎乘的培訓，但維修學校很快就發展成工廠民間維修的重要部門。

在「咆哮的二十年代」前夕，朱諾大道工廠的規模已變得巨大無比。1919年有將近1800名員工，在超過3萬7000平方公尺的廠房埋頭苦幹，製造出2萬2685輛摩托車，以及超過1萬6000輛邊車。同一年推出的Model J Sport Twin，不僅在哈雷車款中是獨一無二的，在所有美國摩托車中也相當特別。35.6立方英寸（584cc）的雙缸引擎不是呈「V」字，而是採用水平對臥式設計，與現今的BMW車款類似。汽

■右圖：還有拿掉消音裝置，在這輛帥氣的1916年F-head雙缸引擎上清楚可見。

缸不是橫著穿過引擎架，而是呈前後一直線排列。雖然又長又笨重，但這個配置提供了非常低的重心，寬度也比較窄，非常適合美國當時較為原始的道路網絡。

當時還有其他創新的設計，多數都比車款本身更禁得起時間的考驗，像是用金屬外殼包覆最終傳動裝置，以防塵土進入，類似更近期穆茨公司（MZ）摩托車透過通氣管的油霧來潤滑的做法。Model J Sport Twin也是第一輛搭載哈雷工廠生產的完整電力系統的車款。雖然該車款創下許多紀錄，像是從加拿大騎到墨西哥花不到75小時，就連在現代也不是一件簡單的事，然而其6馬力的引擎缺乏美國需要的強勁大排氣量動力，在1922年過後便停止生產。

■下圖：前制動器在1920年代晚期終於出現，正如這輛Model J大雙缸引擎車款所安裝的。

■左圖：在1927年以前，摩托車上只會安裝後制動器。

在摩托車的領域，1920年代比較像嗚咽，而不是咆哮。若要歸咎Sport Twin相對而言的失敗，遠遠不是密爾瓦基總公司能控制的。1920年，全球經濟無法調整至和平時期的貿易模式，製成品大量供過於求，導致貿易嚴重衰退。其中一個後果是亨利·福特（Henry Ford）將他T型車（Ford Model T）的價格砍至395美元，跟最大的哈雷雙缸引擎車款相同。衰退對於摩托車銷售的影響是無可避免的。雖然貿易的衰落是短暫的，但美國對於汽車

■下圖：可以在這輛1919年雙缸引擎車款上看到發明的創意，車上安裝了穩定滑雪板，能用於結冰的環境。

的熱愛卻不是，包括哈雷或其他摩托車製造商都無法完全找回經濟衰退前的氣勢了。

哈雷摩托車的銷售量從1920年的2萬8000輛，跌落至1921年的1萬零202輛。在成績欠佳的情況下，12個月前才擴張的工廠，於該年春天甚至關閉了一個月。在往後的21年中，銷售量從未回到1920年代的水準。在這個慘澹時期，售出的主要車款大多是61英寸的V-twin引擎。

雖然Sport並未如哈雷所希望地造成轟動，但後續車款的其中之一，卻很快地成為哈雷車款的傳奇。1921年，JD和FD車款上的V-twin引擎被換成第一款74英寸（實際為74.2立方英寸／1216cc）的型號，採用F-head、頂進氣側排氣（ioe）的設計。兩個樣品都被稱為「超級動力雙缸引擎」，為的是彰顯其18馬力的引擎，而且都經過了嚴格的交付前測試：這又是哈雷的另一項創新之舉。

至於系列中其他款式，30英

■右圖：1920年代的主流是F-head引擎，像這具1922年的61英寸雙缸引擎。Flathead到1926年才出現，同年問世的還有第一具頂置氣門（ohv）引擎。

到了這時，哈雷在國內僅存的競爭對手只剩下印地安（Indian）、亨德森（Henderson）、克利夫蘭（Cleveland）和Super-X。

在1920年代的最後一年，推出了堪稱是哈雷日常必備的一輛摩托車。新推出的WL是一輛45英寸（742cc）的側閥V-twin車款，據說結合了單缸引擎的敏捷性，以及大雙缸引擎的動力。且搭載了時髦的「子彈」雙頭燈，新車款馬上就大放異彩，成為V-twin引擎中最基礎的層級（再來還有61和74英寸）。1929年，在哈雷大衛森的目錄中，明星商品應屬於JDH雙凸引擎，其中裝設了專為公司所向無敵的板道賽車所開發的74英寸引擎的變體。

寸的單缸引擎在1918年後就已停止生產。在1926年，一具新的單缸引擎21英寸（344cc）的Model A推出了，並在四年後有了另一個姊妹作的加入，為30.5英寸（492cc）。哈雷大衛森採用了大膽策略，率先在1928年推出前制動器，就如同他們在十年前推出腳踏啟動器和三速變速箱一樣。所有車型都以擁有各種規格的變速箱、閥動裝置和動力販售，例如在1928年，三種基本的引擎類型就有至少12種車款。

打著「哈雷大衛森所販售過速度最快的道路車款」名號，這輛車的速度大概可以贏過在美國公路上的所有摩托車。

WL的表現雖然謙遜，但藉由讓哈雷公司在未來幾年維持收支平衡，證明了自己的價值。

■右圖：這輛時髦的頂置氣門「Peashooter」沙地摩托車可追溯至1927年。

1930年代

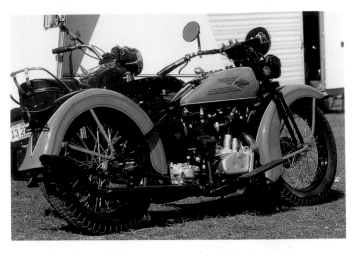

1930年代的開始令人相當期待，因為哈雷大衛森即將推出好幾年來最令人躍躍欲試的車系。現在所有車款都有更大的制動器和輪胎、離地高度有所提升、更低的座椅，還有最棒的是可拆卸的汽缸蓋。這種稱為「里卡多」（Ricardo）的汽缸蓋比以前使用的一體成型鐵製汽缸更實用、更有效率。儘管初期碰到一些問題，但新的高壓縮74.2立方英寸（1216cc）VL車款，提供的動力比以往任何哈雷街車都高出15%。一個全國性的「開放賞車日」吸引了上千名顧客前來，銷量比前一年迅速增長了30%，1930年代似乎前景大好。

然而，前方似乎出現了一些隱憂。1929年10月，也就是1930年的車系公布幾週後，華爾街股市崩盤，震撼了美國經濟和全世界。總統赫伯特·胡佛（Herbert Hoover）最初的干預似乎遏止了頹勢，但對於經濟的信心卻持續萎縮。1930年有1300家銀行倒閉，各行各業的製造商提供獎勵機制刺激生意，但都於事無補。在12個月內，強大的朱諾大道工廠產能降到僅剩10%，估計隔年將虧損超過32萬美元。到了1933年，美國有四分之一的勞動人口失業，只有少數人負擔得起摩托車。在數百家美國摩托車製造商中，只有哈雷和印地安有夠多財力和敏銳度能生存下來。整個行業的年產量在1933年從3萬2000輛跌落

■上圖：到了1930年代，所有哈雷都是Flathead引擎，像是這輛1933年威風凜凜的74英寸VL車款。

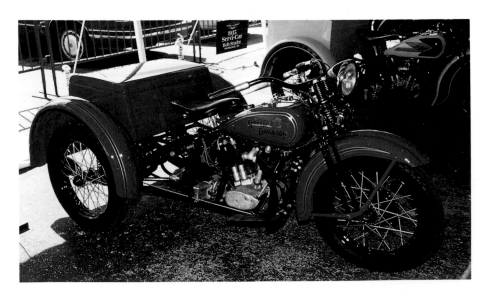

■左圖：1932年，歷久不衰的Servi-Car問世，爾後又持續生產了40年。

■上圖：大蕭條帶來的困頓激發了創新的裝飾藝術風格，像是這輛巨大的1936年80英寸VLH上的油箱標誌，同樣的樣式也出現在現代的哈雷摩托車上。

至6000輛，此時，全美有註冊登記的摩托車還不到10萬輛。在這些新的銷售量中，密爾瓦基工廠僅佔了3703輛，是23年來的最低數字。

在絕望之下，朱諾大道工廠絞盡腦汁思考創新的銷售點子，從儲蓄計畫到將每位哈雷車主變成推銷員的獎章方案都有，其中一個延續下來的應對方法就是販賣品牌服裝及配件──現在成為每年銷售額數百萬美元的副業。有一個跟外表有關，但很重要的措施，就是在1933年棄用暗綠色的塗料，改採用更鮮豔的顏色和裝飾藝術圖案，直到現在，這些圖案依然為哈雷大衛森增添不少光彩。

一個整體更為有效的措施就是三輪的Servi-Car，這是由45英寸（742cc）的Model D引擎所驅動的便宜貨車及警車。令人意外的是，考量到當時艱困的情況，這輛三輪車既是合理的設計，也是可靠的工程結晶──堅固耐用到它的生產

年分從1931年晚期一直延續到1974年。在經濟大蕭條的年月裡，真正的英雄是側閥雙缸引擎：生產成本低廉、運作及保養都很實惠，而且維修簡單。

哈雷幾乎是靠著Model D和Model V兩個車款，以及1929年的30.5英寸（492cc）單缸引擎，才度過了大蕭條的難關。而隨著財務惡化緊縮，在那六年中沒有開發出其他重要的新車款。

在許多方面，大蕭條最糟糕的部分也激發出公司最好的一面。藉由減少工作週的長度，盡可能留下最多的員工，儘管這並不像看起來那麼慷慨大方，因為部分是由政府的全國復興總署（National Recovery Administration）所強制規定的，當經濟衰退時，每一位熟練的技工都要留住。謹慎的財務管理、軍警的訂購合約、創新的銷售策略和對出口的積極追求讓公司得以續命，到了1934年，公司終於能轉虧為盈。

埋頭苦幹

在痛苦與緩慢之下,羅斯福總統（Franklin D. Roosevelt）的「新政」開始生效,到了1936年,令人損失慘重的大蕭條結束了。密爾瓦基工廠也開始出現新的摩托車,1935年的車系只包含了兩個基本車款,45英寸（742cc）的Model R（本質上是裝設了輕合金活塞的Model D,很快又改名為英勇的Model W）及74英寸（1216cc）的Model V和它的

■上圖左:一輛沙漠迷彩的WLA在民用的鍍鉻樣式中相當醒目。

■上圖右/下圖:灰綠色更為常見。在二戰期間,幾乎有9萬具這種45英寸（742cc）的Flathead雙缸引擎都是為軍方所打造的,其中有數千個為蘇聯軍方所用。

衍生車型,而且已經修好了它原本的各種毛病。這兩種車款都是側閥設計,表現緩慢穩定,然而美國大眾卻開始渴望更先進的摩托車。

一個來頭不小的新車款是V-twin Model UL。儘管引擎仍是側閥設計,而且外觀上與DL45相仿,但它的排氣量是驚人的78.9立方英寸（1293cc）,使其成為使用笨重邊車的理想選擇,而該車款一直生產到1945年。最重要的是新一

代的61英寸（898cc）頂置氣門雙缸引擎，功率是前一代的兩倍。傳奇的Model E——Knucklehead引擎——誕生了。

　　1936年問世的Knucklehead本來能在1934年亮相，但政府的限制令旨在減少工作時數。對於公司和大眾來說，這令人感到挫折，但肯定值得等待。Knucklehead引擎在許多方面來說，都是朱諾大道工廠的第一次創舉——第一具四速（前進檔）變速箱；第一具頂置氣

■上圖左／右：WLA中的「A」代表陸軍，所以摩托車也自然套用了軍隊規則，軍人們收到警告，騎乘時時速不得超過65英里。

■右圖／下圖：就連軍人也可以是改裝客：請注意油箱（右）及手榴彈盒（下）上的「山姆大叔」字樣。

門街車雙缸引擎；第一個半球狀的汽缸蓋。這個引擎深深受到傳奇人物喬‧彼得拉利（Joe Petrali）的比賽經歷影響，他是哈雷的研發騎乘員，也是幾乎未嘗過敗績的賽車手。這具引擎在佛羅里達代托納海灘的沙地上跑出時速219.16公里的成績，宣示了它的登場。騎士自然是喬，他的濱海速度紀錄依舊維持至今。

　　以新車款作為旗艦產品，哈雷的命運迅速翻轉。在1937年，銷量自1930年以來首度突破1萬1000輛。同年，該車系也有其他重大改進：全滾子軸承引擎、鉻鉬鋼前叉內管，以及可互換車輪。

■左圖：民用版本低調
的WL45出乎意料地帥
氣十足。

除了技術的進步之外，經濟
大蕭條的經歷逐漸讓公司在造型
及產品外觀的部分信心大增，直
到現今也助益良多。1932年的售
後市場和裝飾藝術繼續施行，
低壓輪胎出現在1940年（比用於
Flathead側閥引擎車款的新型鋁合
金汽缸蓋更引人注目，但更不實
用）。1941年，四速變速箱成為
大型雙缸引擎車系的標準配備，
現在四種基本的引擎配置，共有
11種車款出現在目錄：45、74和
80英寸（742、1216、1293cc）的
側閥引擎，以及61英寸（989cc）
Model E和74英寸（1207cc）Model
F的Knucklehead引擎。

再度上戰場

密爾瓦基工廠的摩托車產量從1933
年3703輛的低谷，在1941年爬升到
1萬8000多輛。哈雷驚險地成功度

過了大蕭條，變得比以往更強大。
然而在經歷了哈雷大衛森歷史上這
段艱困的時期不久後，一場更糟糕
的災難降臨了：世界又再度陷入戰
火，美國於1941年12月7日的珍珠
港轟炸事件後加入了戰場。

作為美國最大的摩托車製造
商，哈雷大衛森需要承擔起鞏固國
家二輪戰力的責任，在美國參戰的
那些年裡（1942–45），密爾瓦基
工廠幾乎所有產能都轉為軍用製造
——總共大約9萬輛摩托車。

與第一次世界大戰一樣，二
戰對這間密爾瓦基公司來說也是有
好處的。在1940年，總銷量不到1

■左圖：難以置信
的是，WL45引擎在
Servi-Car裡存活到了
1970年代。

■左圖：在二戰期間，幾乎沒有摩托車是民用生產，這是戰後第一批WL45雙缸引擎的其中一輛，顏色是鮮紅色。

萬1000輛，隨著1941年軍事力量開始集結，這個數字衝高到1萬8000輛，並在隨後的兩年中，每年都飆破2萬9000輛，然後才隨著和平的到來而再次下降。然而，由於軍方偏好哈雷大衛森堅固可靠的側閥載具，而不是新的Model E和Model F，這代表在同一時期，Knucklehead引擎的產量幾乎是零。

■右圖：
高貴的Knucklehead是密爾瓦基工廠的第一個頂置氣門街車雙缸引擎。

日本哈雷

1920年代哈雷公司尋求出口市場以及1930年代的經濟衰退，有一個鮮為人知但極具諷刺意味的結果——日本大雙缸引擎的誕生。在1920年代，亞瑟・大衛森正努力尋求新的銷售機會，包括成立日本的哈雷大衛森銷售公司，想打造一個由經銷商、代理商，以及備用零件分銷商所組成的全面銷售網絡。由於密爾瓦基工廠的庫存數量是如此充足，以至於哈雷很快就變成了日本官方的警用摩托車。

比較不值得一提的是，1924年，村田製作所（Murata Iron）開始製作1922年Model J的複製品，但品質慘不忍睹。村田製作所後來建造了現代川崎（Kawasaki）遙遠的前身，也就是Meguro車款。1929

年華爾街崩盤後，由於全球性的經濟衰退導致日圓慘跌，哈雷對日本的出口全面停止。故事本來可能在此告一段落，但哈雷的日本營運負責人阿爾弗雷德・查爾茲（Alfred Childs）問道：「為什麼不在日本生產哈雷呢？」

朱諾大道工廠起初抱持著懷疑的態度，但正是查爾茲的堅持，使哈雷第一家海外工廠很快就在東京附近的品川開始生產。他們使用從密爾瓦基工廠借來的工具、方法、藍圖，以及專門技術，該工廠被認為是世上最現代化的工廠。到了1935年，品川工廠已經能生產出完整的摩托車了，主要是74英寸的V系列Flathead雙缸引擎。在1930年，這款摩托車已經成為日本帝國陸軍的官方

摩托車了。後來，當陸軍成為有效的維安力量時，他們拒絕了生產新的頂置氣門Knucklehead引擎的機會，反而偏好經過耐用驗證的側閥雙缸引擎。就在這時，三共公司（Sankyo）接管了工廠，開始以「陸王」這個名稱販售日本哈雷，「74」雙缸引擎變成了陸王的九七式。

隨著越來越好戰的日本準備好開戰，哈雷決定趁早收手，將工廠出售。隨著軍事需求增加（尤其是在1937年日本入侵中國之後），陸王將產品轉授給「日本自動車」（Nihon Jidosha，日本內燃設備公司），他們的「哈雷」只是陸王九七式的變體，名為「黑鐵」。

不祥的是，位於廣島的「日本自動車」工廠過了幾年就倒閉了。

回歸和平

儘管二次世界大戰在日本投降後於1945年8月15日結束,但還要一年多以後,密爾瓦基工廠才會推出新的改良車款。就連這些(理論上是1947年的車款)也不過是戰前的車款在外觀上做了更新而已。在所有改動中最令人印象深刻的,或許是布魯克·史蒂芬斯(Brooks Stevens)為新的「流線型」哈雷大衛森油箱標誌的設計。新的服裝和配件目錄也在同一年式(model year)出現,預告了公司未來30年的發展方向。

然而,由於業界正重新調整為民用生產,以及失去了軍用的需求,摩托車暫時變得稀少。在1944年戰爭部(War Department)取消了1萬1000多輛摩托車的訂單後,超過500名哈雷大衛森員工遭到解雇,而留下來的員工受限於縮短的工作週,於1945年末舉行罷工。矛盾的是,對民用生產的限制依然有

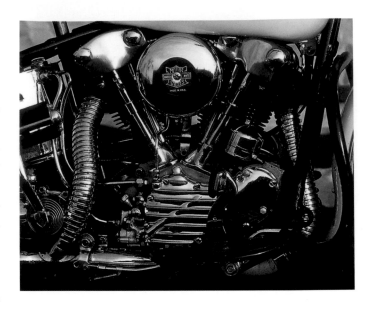

■上圖:1946年的FL Knucklehead是密爾瓦基工廠打造過最帥氣的引擎。

■下圖:到了1948年,Knucklehead已走入歷史,Panhead和Hydra Glide的時代開始了。

效,當1萬5000輛戰時剩餘的WL型號公開出售時,情況變得越來越糟,要到兩年後,摩托車的產量才能恢復到戰前的水準。

在戰爭造成的間歇期中,只有一件事沒有改變——就是哈雷大衛森的得勝之道。1947年,除了其他成功事蹟以外,在代托納摩托車賽中,前十名完賽的選手有七位都騎著哈雷。在接下來兩年內的47場美國摩托車賽事中,有36場的冠軍賽都是由哈雷的座騎掄元。

哈雷大衛森於1947年選擇在沃瓦托沙的國會大道上設立第二家工廠。到了1948年,產量來到史上最高,而對於美國公路來說更重要的是,高貴Knucklehead的替代品在同一年公開發表了。眾所皆知,Panhead是 Knucklehead的改良版,而不是一個全新的產品。除了改良過的(也更不會漏油)潤滑系統,Panhead還選擇用鋁合金汽缸蓋取代了Knucklehead的鐵製及液壓「挺桿」,而非實心推桿。之所以命名為「Panhead」,是因

■左圖：在Hydra Glide伸縮式前叉出現之前，第一輛Panhead使用的是舊型的哥德式前叉車架，就如同這輛經過華麗修復的1948年車款。

為鍍鉻的搖臂蓋外型類似倒置的烤盤，有74立方英寸（1200cc）和61立方英寸（1000cc）兩種尺寸；後者於1953年停產。較大的版本保留了「傳統」缸徑乘衝程尺寸，為87×101mm。

第一款由Panhead引擎驅動的全新車款是1949年的Hydra Glide，這麼命名是因為它是第一輛使用液壓阻尼伸縮前叉的哈雷摩托車。當然，它也是第一輛得到摩托車界一個最令人浮想聯翩稱號的車款：「Glide」。Panhead引擎將該車種推上了成名的道路，不僅驅動了1958年的Duo Glide，還驅動了第一款Electra Glide。

雖然當時沒有人知道，但第一款「Glide」為40年後出現的「復古科技」設下了參考典範。從包覆較深的擋泥板、鍍鉻前叉護蓋，到風格強烈的車尾，現代Softail的造型大部分都要歸功於Hydra Glide。

進入1950年代

1950年代的哈雷大衛森風格，在許多方面都與公司現今所代表的風格相違背。沒錯，1950年代的圖像在現代的哈雷設計中佔有重要的地位，但這個年代的開端受到1947年霍利斯特「暴動」的負面影響，使摩托車界蒙上一層陰影，也讓摩托車製造商感到擔憂。然而，暴動真正的製造者是媒體（包括《生活》雜誌〔Life〕），他們將霍利斯特的聚會描繪成對美國小鎮的一場重大攻擊。當世界剛從驚嚇中恢

■右圖：又一輛完美修復的1948年Panhead。

■左圖：就連側閥Model K中最熱門的KHK，都無法與歐洲的頂置氣門（ohv）運動型摩托車相比，後者在1950年代搶走了哈雷的鋒頭。

這看似激進的偏離，其實是想把哈雷摩托車的魅力推向更廣大的市場，這個舉動在當時受到許多觀察家的讚賞。

他們從125cc的Model S開始生產，這是一輛1.7馬力的摩托車，

復之際，受到霍利斯特事件啟發的電影《飛車黨》（The Wild One）在1953年上映，再度劃開了傷口。儘管主角馬龍・白蘭度（Marlon Brando）在銀幕上騎的是一輛凱旋雷鳥（Triumph Thunderbird），許多人仍發誓自己看到的是哈雷。

就算當時典型的哈雷車主能夠承受他喜愛的摩托車形象遭到污衊，他對另一項發展可能也不會那麼樂觀：1947年，世界最頂尖的大型V-twin引擎製造商開始生產二衝程引擎。

■右圖／下圖：從Model K衍生而來的KRTT在賽道上的表現較為出色，而在一般街道上時，這款摩托車緩慢的速度讓它們相當受到好萊塢明星的保險業者喜愛。

該車款與BSA摩托車的BSA Bantam都是依據相同的德國製DKW RT125所設計，他們兩家公司是在德國的戰爭賠款中取得這些權利的。該車款在公布的第一年就製造了超過1萬輛，但這是對於退伍軍人幾乎會購買任何有輪子的東西的嚴重誤判，之後每年的產量則是降低到更符合現實的4000輛左右。1954年，引擎擴大到165cc，為Models ST和Super 10提供動力，後來又在1962年，於Ranger／Pacer／Scat的系列中提升到175cc。也許哈雷最著名的輕型摩托車是1955到1959年生產的125cc Model B Hummer，以及1960年代早期的165cc Topper速克達。

可惜的是，其他製造商也有意拓展市場。哈雷大衛森截至目前已

推出經銷商展示車款,並且隨著印地安在1953年倒閉而少了一個競爭對手,但凱旋在1951年建立了一個非常活躍的美國進口新網絡,這又成了另一個威脅。

因為戰爭而沒有競爭對手,又得到軍事生產的支持,哈雷已經坐享其成太久了,而凱旋以及其他英國品牌如BSA、諾頓(Norton)和皇家恩菲爾德(Royal Enfield),則擁有一系列比哈雷大衛森更便宜,卻更令人興奮,技術也較先進的車

■上圖:Hydra Glide很特別,但還少了些什麼……

■下圖:而Duo Glide搭載了缺少的東西,這是第一輛同時配備了前後懸吊的哈雷大雙缸車款。

款(其旗艦車款堅持使用手動換檔到1952年)。

哈雷採取了強硬的應對手段,最終適得其反,因為他們試圖逼迫經銷商不要跟覬覦他們版圖的英國對手做生意。

哈雷做得太過火的另一步,是在1952年申請聯邦貿易保護,主張英國摩托車在美國市場的銷售有得到補貼,並且有「傾銷」的行為。他們要求對凱旋(及母公司BSA)進口的摩托車課徵40%的進口稅及配額。

30年後,哈雷將會得到想要的保護,而且是針對日本人。然而這一次,政府的關稅委員會(Tariff Commission)發現,針對凱旋的指控都是子虛烏有,更糟的是,他們要求哈雷放棄限制交易行為(restrictive trading practice)——這個裁決將在未來幾十年對公司產生災難性的影響。

■上圖：哈雷生產的二衝程摩托車，實在稱不上是道路之王。

老舊、緩慢、過時

在1952年推出用以取代WL的Model K，可說是最能概括哈雷所有問題的車款。英國的雙缸引擎車款，提供了頂置氣門、結構輕巧和良好的懸吊系統，對於諾頓來說，可以說是世上最好操控的摩托車。而與其相比，Model K 45.3立方英寸（742cc）的側閥設計算是比較重的了。的確，Model K在前後都安裝了適當的懸吊系統——這對哈雷來說是頭一遭——但幾乎其他方面都被英國製造的摩托車狠狠地甩在後頭。

哈雷宣稱Model K的功率有30馬力，只比同時期的凱旋雷鳥低了一點。不管這說法是真是假，時速137公里的V-twin根本比不上時速166公里的英國車款，儘管KK型號擁有性能更好的凸輪軸。早期的其他Model K車款也有嚴重的機械問題，不過在1954年，55英寸的KH，排氣量增加到了883cc，品質

■下圖：在1966年式中，Shovelhead引擎取代了Panhead，正如這輛Electra Glide。

和動力都有所改善。

不可思議的是，在1953年的代托納200（Daytona 200）道路賽事中，保羅・戈德史密斯（Paul Goldsmith）騎著Model K中的KR賽車，以領先超過3公里的距離獲勝，而哈雷大衛森將在接下來十年裡持續得勝。1954年，傳奇人物喬・倫納德（Joe Leonard）成為第一位騎著KR及KRTT的美國全國冠軍。雖然表面上令人佩服，但這些成績多半要歸功於先前提過、說服有關當局削弱競爭敵手的手段。在此例中，與750cc的哈雷Flathead引擎一同競爭的外國ohv引擎排氣量被限制在500cc。

Model K的銷量還不算差，但整體銷售數字顯示了哈雷公司問題的全貌。在嚮往摩托車的1948年，哈雷大衛森生產超過3萬1000輛摩托車，是哈雷史上最高的銷量，但是到了1955年，銷量跌至低於1萬2000輛的低點。這個問題無法歸咎於大眾對摩托車的不滿，或是在同一時期，進口摩托車的銷售越來越成功。

■右圖：哈雷最擅長的就是在美國遼闊的土地上奔馳。

　　在1957年取代Model K的車款——XL Sportster，最終在各方面都有所進步。最初的Sportster表現令人失望，但到了1958年，由於更輕的閥動裝置、更高的壓縮比、更大的氣道和氣門，讓它有辦法達到12馬力的輸出，一個傳奇就此誕生。

　　到了今日，XL的排氣量為53.9立方英寸（883cc），引擎和變速箱屬於一個單體構造。擺動臂後懸吊加上汽車用的阻尼器，使早期的Sportster能在公路或越野地形騎乘。XL一推出就很受歡迎，在哈雷1957年生產的1萬3000多輛摩托車中佔了將近20％。1958年，在原有的XL之中，還加入了史上其中一個最具傳奇色彩的哈雷摩托車——XLCH（CH為Competition Hot的縮寫）。其他變體車款包括低座駕的Hugger（1979年），以及限量版的XR1000（1983年），Sportster也是了不起的泥地賽車XR750的前身。

滑行進入1960年代

隨著1950年代進入尾聲，Hydra Glide終於得到了它應得的後懸吊，而Model F Duo Glide於1958年誕生。Duo Glide採用液壓後制動器，還有帥氣的雙色調造型及尾端擺動叉。然而，這無疑是某種耽溺，因為前後兩個輪子都裝了小型的6英寸鼓式煞車，無論如何操作，都難以讓Duo Glide的龐大體積減速。也許Duo Glide更可能因為一位電影明星而讓人印象深刻——丹尼斯·霍柏（Dennis Hopper）曾在邪典電影《逍遙騎士》（Easy Rider）中騎過該車款。

　　有了新的重型車款，而且Sportster的銷量還算不錯，哈雷大衛森重新將注意力轉回拓展市場基礎。其中一個比較有成效的措施是進軍玻璃纖維模壓產業——最初是船隻，後來是高爾夫球車和摩托車配件。主要目標仍是在全球的摩托車銷售熱潮中站穩腳步。在當時，這意味著生產輕型摩托車，由於現有的二衝程引擎摩托車無法滿足這個需求。ST車款的銷量與Sportster差不多，但淨利率卻低得許多。負責規劃未來動向的朱諾大道發展委員會認為，與海外的公司合作可能

■上圖：Topper速克達是哈雷想嘗試多樣發展的另一個產品，但充其量，能取得的成功都很有限。

■下圖：哈雷如果專心發展他們的核心事業——大雙缸引擎，而不是其他車款，肯定會有更好的表現。

■上圖：哈雷對於Aermacchi的收購不但拓展了他們的車系，甚至在世界摩托車錦標賽中取得成功。

是最有效的前進方式。

因此，哈雷以不到25萬美元的價格成為Aermacchi摩托車部門（或稱Aeronautica Macchi SpA）的半個擁有者，哈雷預計這個合夥關係每年將能帶來6000輛輕型摩托車的銷售量，而這些產品將會在義大利瓦雷塞生產。

第一輛「哈雷-Aermacchi」出現於1960年9月，以聖塔非美國摩托車協會（AMA）短程冠軍賽中拿下排名1到3的成績，證明了自己的血統。250 Sprint是根據著名Aermacchi賽車的脊梁式車架、水平單汽缸、四衝程的設計所打造，不過後來大多「合資」的車款都是小型的二衝程摩托車。250 Sprint輕巧有力（公司宣稱該車款擁有21馬力，1964年增加到25馬力）、容易操縱，未來也催生出一系列傑出的賽車車款。

不過由於各種原因，Sprint和它的夥伴Aermacchi——以及在密爾瓦基生產的輕型摩托車——都無法達到哈雷預期的商業表現。在美國的公司總部與瓦雷塞工廠之間的溝通不良，導致購買的零件常常出現供給問題，與美國的零件也不相容。後來，在美國機械與鑄造公司（AMF）於1969年接管哈雷大衛森後，產品規格經常在沒有妥善協商或重新定價的情況下毫無規則地變動。最慘的是，本田（Honda）於1959年進軍美國市場，日本摩托車的規格更複雜精密，價格更低廉，大眾對於哈雷的產品並不買單。經銷商同樣也不想要這些產品，因為他們不得不承擔更多庫存零件、重新訓練員工及重新學習業務，而這一切所得到的利潤反而更少。

不過，過程中也有精彩的部分——尤其是華特·維拉（Walter Villa）在1974和1975年連續獲得世界道路賽250cc級別的冠軍。四衝程引擎開始發揮本領：在1964年，羅傑·雷曼（Roger Reiman）騎乘一輛Sprint流線型賽車，以時速251.05公里設下了250cc車款最快速度的新世界紀錄，並且在1965年提升到時速284.85公里。

這段合夥關係是一場不值得的婚姻，而離婚來得太遲了。

1978年6月，哈雷關閉了義大利的工廠，朱諾大道工廠再也不願追求真正的大眾市場。

■下圖：Electra Glide可能是摩托車界中最令人回味無窮的標誌。

AMF的時代

1964年，哈雷大衛森不只推出了將近60年來第一個企業新標誌，而且還推出了哈雷悠久歷史中最令人回味無窮的車款：Electra Glide。不過，隔年反而被視為更重要的一年。根據哈雷流傳下來的傳說，1965年代表兩則重大事件，首先是新一代Shovelhead引擎公開亮相，取代了古老的Panhead引擎；再來是最終影響更為深遠，公司決定在紐約證券交易所（New York Stock Exchange）上市——在作為一間家族企業60多年之後，創始家族現在已經完全失去了控制權。

最初上市後的四年中，哈雷的股票售出超過130萬股，公司的表現很好，而投資者（同時也是直率的狂熱愛好者）也都覺得很棒。然而，隨著進入美國市場的進口日本摩托車逐漸增加，樂觀的態度再次迅速消退。起初，進口的摩托車都屬於中型——輕巧、快速、平價且精緻——但很快地，本田將用開創性的四缸CB750進行猛烈的攻擊。高性能的「超級摩托車」時代已經到來了。

隨著哈雷的命運衰退、股價下跌，公司受到工業集團班格普達（Bangor Punta）收購的威脅，該集團正忙著增持哈雷大衛森的股票。1968年，因為擔心對方所提議的全面改革會成真，公司總裁威廉‧H‧大衛森（William H.

■上圖：在AMF的治理下，銷量有增加，但一般認為品質降低了，不過Shovelhead引擎依舊勇往直前。

■左圖：80英寸（1340cc）版本的Shovelhead引擎首次出現於1978年，就如同這輛FLH車款。

■左上圖：ohv Sportster
車款是側閥Model K的
改良版。

■右上圖：更珍貴的
是經過調教的ＸＬＨ
Sportster，就像1972
年的這一輛。

Davidson）重新與美國機械和鑄造
廠（AMF）談判。

　　AMF是另一家想得到哈雷的工
業巨頭，但較沒有掠奪的野心，
董事長羅尼・C・高特（Rodney C.
Gott）是一位熱衷摩托車騎士。哈
雷向股東提出AMF的開價，其中大
多數股東在隨後的2100萬美元交易
中受益頗豐。1968年12月18日，哈
雷大衛森投票決定與AMF合併，這
一舉動於1969年1月7日得到股東批
准。這間美國代表性的公司遂成為
AMF的財產，由高特擔任董事長，
不過直到1971年，新業主的標誌才
出現在哈雷大衛森的摩托車上。

　　時至今日，大眾普遍認為AMF
剝奪了哈雷的資源，並榨取了他
們，說AMF不瞭解摩托車或摩托車
騎士，認為產品品質變得大不如
前，而且哈雷／AMF根本沒製造出
像樣的摩托車。其中一些看法或
許沒錯，但AMF的確有在新的計畫
中投入數百萬美元。在AMF領導
的前三年，總銷量有了翻倍的成
長，而在他們掌權的12年中，美
製摩托車的銷量成長三倍之多。
除此之外，該公司還跨足雪地摩
托車和沙漠賽車等差異巨大的領
域，銷量相當漂亮，但不幸的
是，利潤卻並非如此。

■右圖：這輛Flathead
車款的外觀依然相
同，但隨著哈雷無法
跟上變化的市場，其
品質也跟著惡化。

另一個問題則是國會大道工廠艱困的勞資關係。由於局勢變得緊繃，大部分生產工作轉移到賓州約克一間閒置的AMF工廠（雖然密爾瓦基一直在生產引擎，但這間工廠卻一直保留著）。

更令人興奮的事態發展正在醞釀。在1970年，一個全新的車款誕生了，就是FX1200 Super Glide，這是獨具匠心的威廉·G·大衛森（William G. Davidson）帶來一系列外觀創新的第一件作品。AMF擅長的行銷及宣傳也同樣重要，而這肯定也對未來回歸獨立的哈雷大衛森公司造成了影響。

令人興奮的車款

如果說1970年代對哈雷大衛森來說是一段商業災難，那麼他們生產的硬體至少為更好的未來鋪下了道路。這一點完全體現在Super Glide中，它是哈雷被AMF收購後所推出的第一款主要的新雙缸引擎車款。Super Glide的混合哲學——從

■上圖：在油箱上的「AMF」字樣不被多數人所接受，但其他人依然認為Electra Glide是道路之王。

■左圖：「道路之王」這個稱號其實是指選配的旅行配件。附加的零件和其他「好貨」在未來成為重要的銷售業務。

■右圖：一輛1972年的 Electra Glide：沒有其他摩托車有辦法搭配白色的皮革座椅。

這個車款取一部分，從另一個車款再取一些部分，從第三個車款擷取更多——自此之後成了未來所生產，最令人難忘的哈雷摩托車的精髓。儘管該車款在當時造成轟動，且多數道路測試都對Super Glide讚譽有加，但早期的例子顯然還不足以納入「超級摩托車」的時代。碟式煞車於1973年問世，而有電起動選項的FXE車款則是1974年誕生。

到了1977年，威利‧G推出了另一個經典衍生車款：FXS Low Rider，配備標準的休息腳踏板、Fat Bob的兩件式油箱，還有離地僅27英寸（685mm）的座椅。而在同一年的後來，XLCR Café Racer推出了，這輛不祥的全黑摩托車在當時過於激進，無法在銷售上取得成功，但在現代卻是極其珍貴的收藏家珍品。

隨著80英寸（1340cc）Shovelhead引擎推出，選擇也增加了，最初於1978年是安裝在Electra Glide上，這使得了一年後推出的FLH，能夠提供一套完整的旅行配件作為標準配備，後來成為了長途騎乘的長期基準：馬鞍包、行李架、整流罩、車側踏板和附加照明燈。這又促成了1980年的FLT Tour Glide，與全套裝備的Glide車款相似，但配備了更好的制動器和更大的雙頭燈旅行整流罩。更重要的是，FLT配備了哈雷大衛森第一個五速變速箱，尤其是它首次使用橡膠減振座來保護騎士不受引擎振動影響。

■右圖：雙油箱蓋、油箱頂部車速表及大量鍍鉻：全都是哈雷的特色。

■下頁圖：威利・G・大衛森（左二）在代托納與日製的Sundance賽車合影。

　　事實上，1980年從各方面來說都能視為一個最精彩的年分。Super Glide巡航車後來成為FXB Sturgis，命名來自每年在南達科他州舉辦的著名斯特吉斯集會。FXB中的「B」代表第一個齒型橡膠皮帶傳動，一個乾淨、平穩、不會故障的系統，現在是所有車系的標準配備。其他車款還有FXWG Wide Glide和FXEF Fat Bob。

■上圖：威利・G・大衛森不朽的「原廠客製」：奠定潮流的Super Glide。

來自日本的挑戰

懷舊之情讓我們得知1970年代生產了一系列經典的哈雷大衛森車款，但撇開硬體不說，那一切都只是幻影。即便放棄了在義大利的營運後，令人難以接受的事實是，在1980年代初期，很少有人願意給AMF哈雷大衛森生存的機會。

　　而這是誰的錯呢？將矛頭指向AMF似乎很容易，但無論該公司在管理密爾瓦基的傳奇上有哪些缺點，哈雷最大的問題在完全不同的方向。畢竟日本摩托車企業正好在這個時期主宰了全球的市場，而這幾乎不能算是AMF的錯。

　　若說是日本從哈雷大衛森或歐洲製造商手中搶走了美國摩托車市場，那也是一個錯誤的迷思。即便在1950年代中期的英倫入侵後，新摩托車在美國的年度銷量也僅有6萬輛，到了1973年，年度銷量甚至衝破了超過200萬。這種令人難以置信的成長幾乎完全歸功於日本人的創意與進取的態度，他們以更低廉的價格生產出比任何哈雷摩托車更可靠、快速，更令人感到興奮的摩托車。不論哈雷代表的「形象」為何，都只能低價出售，很少有買家願意支付高價購買。在AMF的領導時期，銷售額從4900萬美元增長到超過3億美元，但利潤反而越來越低。

　　哈雷大衛森的回應是宣稱日本車款削價「傾銷」，就像20年前針對凱旋的作法一樣。美國國際貿易委員會（American International Trade Commission）同意的確有傾銷的狀況，但有效補貼幾乎可以忽視。最後得到的結論是這種做法並無顯著

■下圖：另一輛Super Glide，這次加裝了選配的後座靠背。

■下圖：這是象徵美國還是哈雷的老鷹？在沃瓦托沙的遊客中心驕傲地展示著。

地損害哈雷摩托車的銷售，而哈雷陷入困境的主因則是自找的：他們的車系已經過時了。十多年前，威廉・H・大衛森曾說到AMF「認為哈雷大衛森可以成為下一個本田，這太荒謬了……我們從來就不是一間高產量的公司。」

　　AMF不得不在某種程度上試圖與日本抗衡，而不是專心發展最適合哈雷的特定市場，但從1982年的生產數字能看出這種策略的絕望：本田在這一年生產了超過350萬輛摩托車；哈雷只生產了不到5萬輛。

　　情勢陷入絕境，1973年過後僅短短6年，哈雷在快速增長的美國重型摩托車市場的市佔率就從將近100%下降到少於40%。

　　美國本土生產的摩托車產量從1975年的7萬5000輛銳減至1981年的4萬1000輛。在1974 年，

■下圖：另一首威利・G帶來的美妙金屬交響曲──XLCR Café Racer。

由於薪資調整未能跟上生活成本的提升，惡劣的勞資關係引發了為期101天的罷工。儘管在1978年，因為公司的75週年慶而出現了人為改善，但公司中的某些人還是預料到了這一點。自1977年開始擔任總裁的沃恩・比爾斯（Vaughn Beals）和首席工程師傑夫・布魯斯丁（Jeff Bleustein）提醒高層管理者要注意嚴峻的現實。比爾斯制定了品質控管計畫，開始解決最嚴重的問題，但所有方法都付出了巨大的代價。新措施慢慢開始讓哈雷大衛森回到正軌，但最先改變的會是什麼：是問題還是公司？

「展翅高飛的孤鷹」

在哈雷大衛森悠久的歷史中，一件或許是最重要的、肯定也是最勇敢的事件在1981年發生了。由於AMF開始失去興趣與耐心，董事長沃恩・比爾斯說服其他12位哈雷主管加入他，打算以8150萬美元融資購併AMF的控制權，成員中包括前一年指派的總裁查理・湯普森（Charlie Thompson），以及威利・G・大衛森。他們在2月26日簽署了一封意向書，並在五天後於代托納海灘公開出價。該團體在花旗銀行（Citicorp Bank）找到了一位主要放款人，跟AMF數個月的辛苦談判後，再度獨立的哈雷大衛森摩托車公司在1981年6月16日正式開始營運。毫不意外地，在「展翅高飛的孤鷹」這個口號之下，這個事件引起了廣泛的歡呼，人們一片叫好——包括公司的新業主象徵性地

■上圖：這輛早期Evo FLH車款的美國血統不可能看不出來。

從密爾瓦基騎車到約克，以及在新的體制下，為生產的第一輛摩托車打造純金的量油尺。哈雷大衛森終於為真正的摩托車騎士所擁有及領導了，他們熱愛著大V-twin引擎、真心在乎摩托車。那段日子令人們飄飄然，但這股亢奮本身毫無意義，因為美國市場，尤其是哈雷大衛森的佔有率，即將進一步衰退。

■左圖：搭載了第一具Evo引擎的最早的Softail車款，如圖所示。

買家的財富並沒有照公司所希望的，因為買斷而增加——這間剛重新獨立的公司，在逐漸萎縮的美國重型摩托車市場的佔有率，於1983年減低到僅有23％。

公司也許易主了，但根本的事實依然沒有改變：哈雷大衛森的競爭者依然以更低廉的價格生產出更好的摩托車。

人員過多也是問題的一部分，有幾乎200個文書職位同時消失了，但問題不只如此，坦白說，哈雷甚至是美國多數產業的生產文化已經過時了。比爾斯與其他經理在1980年曾參觀過日本工廠，但直到買斷後，他們得到機會前去視察本田位於俄亥俄州馬利斯維的組裝廠，他們才開始有了全盤的理解。

正如董事長沃恩·比爾斯說過的：「公司差勁的表現令我們難以接受，但事實就是如此。我們被日本人狠狠比了下去，他們的管理能力更高竿。重點不在於機器人技術、文化，或是晨間的體操和公司歌曲——而是瞭解公司業務、注重細節的專業管理階層。」

新團隊理解了比爾斯的意思，在業界顧問安盛諮詢公司（Andersen Consulting）的幫助下，他們在四個月內推行了「及時化」的統計製程控制（哈雷稱其為「MAN」——Materials As Needed〔所需原料〕），開始使用其他最新的生產系統，並將員工人數從3800削減到2200人。負責生產業務的湯姆·賈柏（Tom Gelb）向哈雷大衛森的員工直截了當地解釋了情況：「我們得照日本人的方式來，不然我們就死定了。」

品質跟效率是很重要，但把訊息傳達給潛在的客戶又是另一回事了。公司轉移了行銷的焦點，不再試圖與日本主流的摩托車競爭，並

■上圖：由於品質下滑，許多美國警力都對哈雷生產的摩托車嗤之以鼻。

■下圖左：想辨別出哈雷的狂熱者的話，沒什麼比客製化零件更能判別的了，無論是舊型的Panhead引擎……

■下圖右：或是更為近代的——Shovelhead引擎。

將所有資源投入發展我們現在認為是理所當然的獨特美式重型摩托車的利基市場。（在過程中，一個從AMF繼承而來、鮮為人知的頂置凸輪軸V4引擎的計畫，在生產過幾個原型後悄悄地被取消了。）這麼做是否效果不彰又太遲了？儘管推出了新車款，像是有五速變速箱的FXR Super Glide II和一款新的Sportster，「高飛的孤鷹」據說在1982年虧損了2500萬美元，看來情況將會非常驚險。

總統的介入

1982年8月，又有一個哈雷代表團前往華盛頓州，再次宣稱日本摩托車公司有違法的貿易行為。同樣地，國際貿易委員會再次聽到便宜的摩托車違法傾銷的行為，以及日本人「實際上抄襲了」哈雷的車款，這些舉動都嚴重損害了哈雷的銷量。這次哈雷有了充分的理由：在衰退的市場上超量的供應過剩，代表著有許多摩托車都是虧本出售。就像沃恩·比爾斯說的：「我們只是希望美國政府恢復受到日本製造商圍困的摩托車市場秩序，這

些製造商在市場急遽衰退時反而增加了產量。」

雪上加霜的是，當地的威斯康辛警方購買了川崎的摩托車，而非哈雷，引起了國會大道工廠大規模的騎行抗議。

國際貿易委員會剛好適時地幫了哈雷公司一把，向總統隆納·雷根（Ronald Reagan）提出他們的提議。在1983年的愚人節，白宮證實會對日本摩托車課徵進口關稅，所有超過700cc的進口車款都將施以45％的高額稅率（從現行的4.4％往上疊加），並於往後逐年減低，降到35、20、15％，直到1988年4月的10％。

雖然在美國生產的日本摩托

■上圖左：AMF並不知道哈雷的生活方式和硬體在未來能夠賺進大把鈔票。

■上圖右：Evolution引擎裝設在這輛改變哈雷命運的95週年Glide車款。

■下圖：此時，在重型摩托車身上搭載「好貨」，開啟了哈雷摩托車的全新領域。

■左圖：Heritage Softail Nostalgia，稱號為「Cow Glide」，是所有Softail車款中最酷的……

■右圖：這樣的外型對某些車主來說還不夠激進，如圖中的Springer Softail。

車可以豁免，像是本田黃金之翼（Gold Wings），但徵稅無可避免地成為哈雷重振旗鼓的重要資產。同時，他們也得繼續改善品質和效率。也許最關鍵的是，他們早就應該推出能取代Shovelhead的可靠引擎了。短期的解決方案已無法應付現狀了，就如在1983年於新的FXRT車款上推出的電子點火系統。

1984年，哈雷為了一個「超級騎乘」的展示計畫投入了300萬美元，以展現公司已經解決了惡名昭彰的品質控管問題。他們在電視廣告中邀請廣大摩托車騎士前往超過600家經銷商的任一間試乘新的哈雷車款。在三個星期的時間裡，共有4萬人次體驗了9萬次試乘，其中有一半的人擁有其他品牌的摩托車。起初，這一招賣出的摩托車雖然不足以支付成本開銷，但的確達到了宣傳效果。

然後是「HOG」——哈雷車主俱樂部（Harley Owners' Group），這是公司的重大努力，旨在用哈雷大衛森的生活方式將顧客凝聚起來。從未有任何摩托車製造商嘗試過如此野心勃勃的行動，但事實證明哈雷車主俱樂部確實非常符合哈雷的形象。這是一個突然降臨的巨大成功，HOG如今在全球擁有超過50萬名忠誠的成員，且成為其他摩

托車製造商類似計畫的典範。

哈雷也首度開始捍衛公司的名稱、版權及商標，而且非常積極。在未來，如果有任何人想要哈雷大衛森的標誌，該公司將會收取正當的權利金。在開創了販售品牌配件超過50年後，哈雷終於決定將他們花了80年創造的形象轉換成收入。慢慢地，沃恩·比爾斯和他的團隊開始扭轉了頹勢。多虧他們在品質和效率上的提升，以及更為積極的行銷，哈雷在重型摩托車的領域，開始穩定地趕上了強大的本田。

最終，這間非常美式風格的公司開始妥善利用他們獨特的美國形象，1982年的虧損在1983年轉為些許的盈餘。

1984年，據報哈雷在2億9400萬美元的銷售額中獲得290萬美元的利潤。雖然前方的路途依舊漫長，但老鷹已經啟程翱翔了。

■下圖：同時，在開闊的公路上，哈雷車款修長車身的魅力不僅僅在於烤漆。

演進

Shovelhead引擎的替代品終於在殷殷期待中於1984年問世了——而哈雷大衛森的未來，在此刻看來是危如累卵。V2 Evolution引擎的確看起來像是應驗了所有人的祈禱。儘管引擎下半座的歷史可以追溯至1936年的61E，但總體來說，這個引擎依舊是比它取代的Shovelhead更好的動力裝置。

顧名思義，「Evo」是Shovelhead引擎的改良版本，而不是全新的設計，但幾乎所有組件都不一樣，也經過升級。汽缸以「經典的」45度角展開，排氣量為81.8立方英寸或是1340cc（雖然引擎數值標示取整數到80英寸），重量比前一代引擎少9公斤，但扭力輸出高了15%，事實證明，Evo引擎真的是名符其實地經過演進。

1983年，為了慶祝公司80週年，哈雷大衛森舉行了宣傳活動，確保新產品能讓人們留下深刻的印象：顧客購買的標準FLT Tour Glide能以平均時速80英里（128.7公里）騎乘8000英里（12875公里），而且過程中不需要任何例行維修保養。1983年7月，在塔拉迪加賽車場，搭載Evolution引擎的Tour Glide轟隆隆地迅速完成了指定的8000英里，但稍微偏離了預定速度：若把可能會發生的事故考量進去，平均時速為85英里（136.8公里）。

一個全新的引擎就夠值得慶祝了（也許可以用新的哈雷大衛森品牌啤酒來慶祝），但第一個由Evo引擎驅動的車款，本

■上圖：騎摩托車穿越城鎮看起來就是這麼酷。

■下圖：復古科技：硬尾式的外觀在這輛Heritage Softail上清楚可見，懸吊系統使用了藏在引擎下的雙槍避震器。

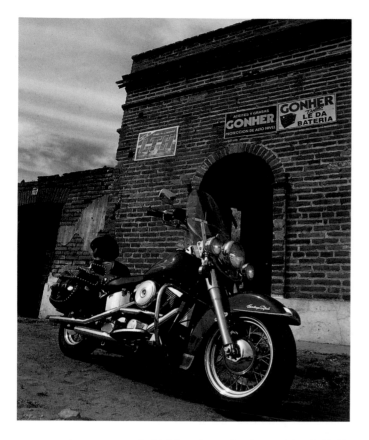

■上圖右：這輛Springer Softail採用了哥德式的前叉。

■上圖：「基本」的Softail保留了伸縮式前叉。

■右圖：另一個極端是這輛合法註冊的XR750賽車，用於美國的泥地賽事。

身就是一個里程碑。這個車款就是1984年的FXST Softail，而摩托車造型的全新概念和設計也隨之誕生了。具備了假的「硬尾」車尾、閃閃發光的鍍鉻組件，還有其低矮、弧形的線條，Softail是對1950

年代摩托車強烈的呼應：復古科技的時代已經到來了。Sportster的外型依舊亮眼，尤其是受到XR750啟發而新推出的XR1000，而在一年後，Heritage Softail也緊跟著基本款的FXST推出。

幾乎在一夕之間，哈雷大衛森就擁有了一個可靠的車系，而且在Shovelhead引擎經常出問題的時期過後，值得信賴的稱號又再次成為他們的特色了。他們再次擁有能夠滿足加州公路巡警局（CHiPs）需求的產品，該單位在騎乘了川崎和Moto Guzzi的摩托車10年後，於1984年訂購了155輛FXRP警用摩托車。

然而，對哈雷內部員工來說，「Evo年」更令人難忘的，大概是繼續扯他們後腿的財務糾紛。1984年，在原本的買斷中擔任承銷商的花旗銀行開始擔心，一旦對外國競爭製造商課徵的高關稅在1988年結束後，哈雷的未來會變得不那麼樂觀。他們的理由是，想為公司爭取到好價錢的最佳時機，就是趁銷量還在上升的時候，因此他們迅速行動，讓哈雷的董事措手不及——所有信貸措施將在次年開始受到嚴格的限制。

這對於剛從買斷中倖存下來且充滿野心計畫的哈雷不啻為一記重擊。哈雷大衛森破產了。

■左圖：Electra Glide 和Tour Glide後來配備了更豪華的特色，像是巡航定速（cruise control）和民用無線電對講機。

力挽狂瀾

「在華爾街拿著空碗行乞」，沃恩‧比爾斯如此形容他絕望的應對方式。在1985年的夏季，比爾斯和財務長理查‧提林克（Richard Teerlink，在比爾斯之後接任了哈雷大衛森的董事長），努力地尋找新的放款人，卻徒勞無功。就在希望即將破滅、律師開始擬定破產計畫之際，迪恩‧維特‧雷諾茲證券投資（Dean Witter Reynolds）幫比爾斯和提林克與海勒金融公司（Heller Financial Corporation）牽了線。對比爾斯來說，幸運的是，海勒的二當家鮑伯‧寇伊（Bob Koe）是一位長久以來的哈雷愛好者，願意傾聽他們的問題。而他對聽到的內容深感佩服，於是在1985年12月23日，雙方達成了財務一攬子交易協議——這是哈雷所能祈求的最棒的聖誕禮物。

這項援救的一攬子交易計畫對所有人來說都是喜事一椿，除了花旗銀行，他們嚴重低估了這間充滿活力的新哈雷大衛森的前

■左圖：這輛驚人的 Ultra Classic Electra Glide有許多細節。

景。包括貸款，花旗在這個交易中得到4900萬美元，比當初挹注的還少200萬。哈雷得到了4950萬美元的周轉資金。非常諷刺的是，在被花旗銀行拋棄的一年後，哈雷就擠

■下圖：與此形成強烈對比的則是Sportster系列，其中這輛1984年的XR1000肯定是最帥氣、最珍貴的。

■上圖：在歐洲的情況與美國相同，哈雷的Evo引擎銷量開始激增，這輛Heritage Softail Classic正馳騁過比利時亞耳丁內斯。

下本田，重新回到第一名的寶座，在850cc以上的美國摩托車市場中擁有33％的市佔率。改善生產與行銷，復興其車系長久以來的努力終於開始有了回報。1986年的銷售額是2億9500萬，獲利為430萬美元。

哈雷在1987年6月正式在紐約證券交易所上市，使財務基礎得以穩固。這次發行募得超過3000萬英鎊，讓公司得以延後債務償還，並買下假日漫步者公司（Holiday Rambler Corporation），一間業界領先的休閒車製造商。到了10月，哈雷從英國阿姆斯壯公司獲得了軍用

MT500摩托車的製造權。不那麼令人感到安心的是哈雷公司關閉了競賽部門，然而這是財務上的合理決策。XR750泥地賽引擎的生產則不受影響，並繼續透過獨立的經銷商團隊參加賽事。

在3月17日，發生了一件最令人佩服的事件。哈雷採取了前所未有的一個行動，要求提早一年取消貿易保護，事後證明這是一場公關上的勝利。沃恩·比爾斯當時解釋道，哈雷大衛森「不再需要靠關稅減免來與日本製造商競爭」。這位董事長強調：「我們要給國際社會一個強力的訊息，美國工人能在世界的市場上發揮競爭力。」哈雷再次成為了「美國的驕傲」。而隆納·雷根總統為這一切下了個很棒的註腳，他在1987年5月參觀完賓州的約克工廠後，他稱讚哈雷大衛森的起死回生是「一則美國的成功故事」，而他說得對極了。

■右圖：在佛羅里達州的代托納海灘等地，哈雷激發了欣賞美國摩托車的大批粉絲，而這裡恰好就是著名的鐵馬酒館（Iron Horse Saloon）。

■下圖：國際上的哈雷摩托車：一輛位於潮濕威爾斯山區的Electra Glide。

促成未來成功的一個主要原因跟XLH 883 Sportster有關。在推出時的售價稍微低於4000美元，883是密爾瓦基出產的摩托車中明顯缺少的入門款式。在1987年，哈雷宣布了一個創新的回購方案，讓883的車主又賺到一筆：「用你兩年內的FX或FL車款來換購XLH，我們保證讓你用舊摩托車換到3995美元。」

主要的新車款包括令人讚嘆的Heritage Softail Classic、Electra Glide Sport和客製化的Low Rider。到了1987年年底，哈雷在美國的「超級重型摩托車」市場有47％的市佔率，在僅僅一年後又提高到54％，哈雷大衛森總算步上了軌道。

飛快成長

1988年，有史以來排氣量最大的Sportster問世了——1100增加到XLH 1200的1200cc。這一年還出現了新版FXRS Low Rider，配有改良過的前叉和雙油箱蓋的Fat Bob車款油箱，其中最驚人的是為了紀念哈雷大衛森85週年的車款——FXST

Springer Softail。Springer同時往前及往後跨出了一大步，它的外型就像1950年的經典車款，捨去了伸縮式前叉，採用閃閃發光、類似的鍍鉻哥德式前叉。這是第一次有哈雷車款在前後都採用復古科技，而且幾乎一夕之間就成了哈雷所有車系中風格最強烈的車款。

一年內，繼Springer和新的Low Rider之後，又加入了無所不能的Tour Glide和Electra Glide車款的「Ultra Classic」版本。這些豪華摩托車搭載了許多額外的配件作為標準配備，包括巡航定速、點菸器、對講機、民用無線電，還有一個複雜的高傳真音響系統。這些從以往到現在，都是哈雷大衛森車系中裝備最齊全，也是最昂貴的車款。

諷刺的是，隨著標準配備變得越來越全面，1970年代較為精簡的Glide車款，其需求反而下降了。像是兩年前所推出、帥氣的FLHS Electra Glide Sport，而現代的FLHR Road King跟它帥氣的前一代車款，在外型上是如出一轍。

在1989年，哈雷推出了一個經過改造的服裝部門——「MotorClothes」。MotorClothes與哈

■下圖：位於美國西南方，炎熱新墨西哥州中的一輛大雙缸車款。

雷大衛森蓬勃發展的售後市場硬體配件結合，其利潤佔了整體年度利潤總額很大一部分。從波伊刀到盥洗用品，如今消費者能買到印有著名哈雷大衛森圖案的任何商品。從1990年代初期，就出現了完全沒賣任何摩托車的「哈雷」商店，這間公司的形象已經從一個病態的玩笑轉為流行時尚了。

　　由於這個無價的形象，公司的整體命運出現了轉機，從近乎破產的巨擘到輝煌的銷售成功。其根基有許多不同的樣貌：以大大提升的生產方式做出更廣泛、更好的車系，加上精明的財務管理和優秀的行銷。生產方式歷經了革新，現在每一位工人都是品質控管過程中重要的角色，也是公司事務的合作夥伴。Evolution引擎以堅固耐用、不會漏油，以及容易駕駛的優點得到了應得的好名聲。而且哈雷大衛森的公司就位於世界上最大的重型旅行摩托車市場，這對他們來說是何其幸運。

■上圖：驕傲地揚起星條旗：一輛1200 Sportster即將揭曉。

■下圖：在1990年代，Dyna Glide從Low Rider車款演變為哈雷車系中的核心角色。

進入1990年代

到了1990年代初期，情勢徹底改變了——的確不可同日而語了。哈雷摩托車的年產量超過6萬2000輛，在美國重型摩托車市場以20種車款達到61%的市佔率，產量中有30%是出口賣給世界各地的哈雷車迷，以四年前的數字來說是翻倍成長。同一時期，日本摩托車的銷售量急遽下滑，他們的經銷商不是削減利潤，就是完全倒閉。

　　約克工廠持續製造出新的硬體，許多哈雷車迷將1990年目錄中的明星產品FLSTF評選為史上最美的哈雷大衛森車款之一。「Fat Boy」是該車款無趣的稱號，而最初的FLSTF是一首銀灰色的低調交響樂，後來的版本顏色比較沒那麼拘束，卻從未獲得相同的評價。FXDB Dyna Glide Sturgis是1991年推出的一款難以駕馭、喜怒無常的全黑巡航車，是新一代中的第一個車款，而且發動時非常優雅。如果說哈雷摩托車在1990年代有碰上任何問題，其中一個就是違反了噪音排放法規；另一個問題是他們幾乎沒辦法滿足市場飆升的需求，顧客幾乎要等到一年才能拿到他

■上圖：喜怒無常的Road King是對於回歸最早的Electra Glide更簡潔乾淨線條的一種優雅的嘗試。

■下圖：到了1990年代中期，頂級的Glide車款在他們種類繁多的所有「好貨」中加入了燃油噴射系統。

們夢想中的新摩托車。在環境問題的一大勝利是1985年的第一款燃油噴射哈雷街車——FLHTC-I Ultra Classic Electra Glide，燃油噴射使雙缸引擎比以往任何哈雷大衛森車款都更平穩、乾淨、有力。

　　然後是1999年的Twin Cam 88引擎，承諾會將相同的品質進一步提升。經過四年和超過400萬公里測試里程的開發，哈雷大衛森的新型Twin Cam引擎在性能、可靠性與耐用性上都更上一層樓了。

　　要解決供應問題就需要盡速建立一個基本建設投資計畫，最終於1998年在堪薩斯城花費8500萬美元開設Sportster工廠。這筆支出最初是從1992年，在約克設立一間新的大型自動化塗裝工廠開始。這座耗資2300萬美元的工廠終於突破了約克嚴重的生產瓶頸，讓產能超過每年11萬輛摩托車。

　　與此伴隨而來的是一種強硬的商業優勢，他們開始捍衛商標，甚至嘗試為「哈雷之聲」申請版權。

■左圖：1999年，在著名的Evo引擎問世後的15年，新一代的Twin Cam 88大雙缸引擎登場了。

對許多死忠粉絲來說，哈雷的企業影響力與他們努力呈現出的逍遙自在、淳樸美德的形象有所衝突，有些人甚至偏好幾十年前那種爸媽在轉角開了種小店的溫馨形象，但那個形象也幾乎讓哈雷破產。

新的哈雷可能是人們趨之若鶩的目標，但他們是在一個前衛到無法妥協的環境下構思與發展，就好像摩托車本身是需要大膽挑戰的守舊傳統。

威利・G・大衛森產品研發中心在1997年完工，耗費

了4000萬美元。這個設施占地2萬平方公尺，距離現有的國會大道引擎工廠非常近，在水泥與玻璃組成的優美弧線下，是一棟符合21世紀野心的建築。一座新的大雙缸引擎電力線工廠同樣於1997年開張，座落於附近的梅諾梅尼福爾斯。目前由哈雷擁有半數股權的Buell摩托車，則在附近威斯康辛東特洛伊的工廠組裝摩托車。

哈雷在第一次世界大戰前後都沒有如此大規模的擴張，事實上，1998年是哈雷連續突破收益紀錄的第13年，銷售額第一次突破20億美元，共生產出15萬零818輛摩托車。多虧有堪薩斯工廠提供的量能，產能預計達到20萬輛。

對哈雷大衛森來說，密爾瓦基摩托車界的前景是一片大好。

■下圖：Deuce車款於2000年推出，搭載了最新的平衡軸Twin Cam 88B引擎。

代表人物與
重要據點

　　哈雷大衛森是建立在友情、家庭及年輕的熱忱上，唯一一位哈雷（威廉・S）和三位大衛森兄弟（亞瑟、華特、威廉）都是腳踏實地的人，他們將一間後院小屋發揚成一個歷久不衰的摩托車傳奇。

　　雖然到目前為止，哈雷大衛森已經脫離家族企業超過30年了，對公司本身及追隨者來說，至少有一個創始家族的人依然在為公司效力，這是一件值得驕傲的事。這個人當然就是威利・G・大衛森（創始人之一的威廉・大衛森為其祖父）。正如同其他任何人一樣，他以充滿戲劇性的新方式發揚哈雷大衛森的傳統，一直是這間公司成功的根基。

　　現在設計與建造哈雷夢幻摩托車的工廠，和早年那個木頭小屋已經是天差地別了。不過，即使現在的哈雷工廠與過往的樣貌已經毫無相似之處，這間公司依舊抱持著打造出最頂尖摩托車的理念。

開創元老

■上圖：開創元老，由左至右為：威廉·A·大衛森、華特·大衛森、亞瑟·大衛森、威廉·S·哈雷。

威廉·S·哈雷

「年輕的比爾」自15歲起開始在密爾瓦基一間自行車工廠工作，但就連做為一位業餘愛好者，他也很快就展現了工程方面的技能。他後來成為哈雷大衛森的首席工程師和財務主管，並在這個崗位上努力工作，直到1943年9月18日因心臟衰竭而過世。

1908年從大學畢業時，他便著手設計哈雷第一具成功的V-twin引擎，並在隔年推出，不過要到1911年，引擎的設計才變得跟早先的單缸引擎一樣可靠。

比爾後來也設計開發出許多經典的哈雷摩托車，更不用說第一個離合器、腳踏啟動器和許多其他的發明。在1914年，他創立了公司的賽車工廠，在參賽的首季就取得26場重大勝利；在兩次世界大戰期間，他與美軍的接觸對公司的成功來說極為重要；他同時活躍於美國摩托車賽事的管理組織美國摩托車協會（AMA），私底下也對於野生動物攝影非常感興趣。

亞瑟·大衛森

身為一位模型工，亞瑟是創始元老中最為外向開朗的，他活力充沛的性格特別適合擔任銷售職位。他後來成為公司的祕書兼銷售經理，並在這個職位上發光發熱，直到1950年於一場車禍身亡，享年69歲。

也許亞瑟影響哈雷最深遠的事蹟，就是建立了國內與國際上的經銷網絡。從1910年起，一直到1912年間，他建立了至少200個國內的銷售點，後來官方經銷權的擴展甚至遠至澳洲與紐西蘭。在早年的時候，「因為沒有其他人選」的關係，美國摩托車協會基本上是他在管理。在第二次世界大戰後，他越來越常待在他位於沃基肖郡的農場，飼養他得獎的更賽牛。

華特·S·大衛森

身為一名技師與機械師，華特是一位有天賦的騎士，為剛興起的哈雷大衛森公司帶來了第一次競賽的勝利。1908年6月，他騎著一輛哈雷大衛森單缸引擎摩托車，參加了在紐約州卡茨基爾山脈舉辦的雙日耐力賽。作為61輛參賽摩托車中唯一一輛哈雷，他奪得「完美的」滿分一千分，勝過其他被看好的摩托車。一個月後，華特又參加了比賽，在50英里（80.5公里）的距離下，以188英里／加侖（66公里／升）的表現於長島省油賽事中獲得勝利。

然而，華特最知名的，就是身

■右圖：哈雷大衛森第一座「工廠」，一間15×10英尺的木造小屋。

為哈雷的第一位總裁。他的個性慷慨又嚴謹誠實，後來也成為美國最大銀行威斯康辛第一銀行的經理。華特於1942年2月7日逝世，當時依舊掌管著朱諾大道工廠。

威廉・A・大衛森

如果說華特是公司的頭，那麼「老比爾」大衛森就是公司的心臟和驅動力。他的騎乘技術或許是四人中較為不在行的，但比爾很快就找到了適合他的職位，也就是工廠經理，在一個像哈雷大衛森一樣快速擴張的公司中，這是一個非常重要的職位。

　　他有著寬大的心胸、個性率直，不管是在打獵釣魚，或是在工廠廠房時都同樣自在，對待員工的態度寬厚，卻又有些獨斷。儘管他強烈反對，工廠在1937年4月還是加入了工會。在兩年內，老比爾就因為糖尿病併發症而離開了，是創始人中第一位過世的。

第二代

在1920年代晚期，創始人的兒子們開始加入了公司。威廉・H・大衛森在1928年加入，不過他在就讀威斯康辛大學期間就已經在廠房工作了。一年後，高登與華特・C・大衛森（Walter C. Davidson）（兩人都是華特・S的兒子）、威廉・J・哈雷（William J. Harley）也加入了他的行列，隨後，約翰・E・哈雷（John E. Harley）也進入公司。

■右圖：著名的朱諾大道工廠，跟木頭小屋比起來是一大升級。

■上圖：公司創始人觀看著朱諾大道工廠生產線製造出1936年式的第一個Knucklehead引擎。

在其他兒子中，艾倫‧大衛森，威廉‧A之子，僅為公司短暫效力便英年早逝；小亞瑟‧大衛森（Arthur Davidson Jr.）憑藉自己的能力，在商業生涯中取得了成功。

威廉‧J‧哈雷繼承了父親總工程師的職位，他在1957年成為工程部門的副總裁，並持續擔任這個職位直到1971年逝世。身為一位美酒和乳酪的鑑賞家，在併購Aermacchi車廠之後，他便迫不及待前去走訪位於義大利瓦雷塞的哈雷大衛森工廠。

約翰‧E‧哈雷為威廉‧J的弟弟，在1949年透過選舉進入董事會，負責經營哈雷的零配件部門，現今已成為公司最主要的利潤中心之一。他在二戰期間榮升至少校，其中包括指導陸軍摩托車駕駛員的一段經歷。

華特‧C‧大衛森最終踏上了他叔叔亞瑟的腳步，成為銷售部門的副總裁。因為他總是能弄到其他公司無法獲得的物資，而在二戰期間贏得了良好的聲譽。戰爭過後，由於凱旋摩托車與BSA摩托車開始在美國市場提供更便宜、更快速的產品，他與哈雷越來越難掌握的

經銷網絡有過一番爭執。哈雷想要堅守陣地的努力不僅在當時造成反效果，也促成了未來為日本人開啟大門的法案制訂。當AMF在1968年接管公司時，華特看見了不祥的預兆，決定提早退休。

威廉‧H‧大衛森為威廉‧A之子，他所留下的影響最為深遠。他在1928年全職加入哈雷大衛森，在1931年透過選舉進入董事會，並於六年後成為公司副總裁。在接下來的五年，他是哈雷大衛森得到重要政府合約的背後推手。當華特‧S過世時，威廉‧H正是接班領導公司的不二人選，他於16天後的1942年2月23日，「在一致認同的情況下」接手總裁職位。

威廉‧H對於公司未來的發展充滿信心，他說：「有很長一段時間，我們試著說服大眾摩托車是有實用價值的」，他很有先見之明地指出，「〔但摩托車〕自始至終都樂趣十足。」在AMF接手三年後的1971年，他被任命為哈雷大衛森的

■右圖：在二戰期間，威廉‧J的弟弟約翰‧E‧哈雷，負責訓練陸軍摩托車駕駛員，騎乘的摩托車就像照片中這輛。

■左圖：著名的1914年的「安靜的灰色夥伴」。

■右圖：2000年的哈雷車款：Deuce。

董事長，但他感覺新公司十分令人挫折，很快就辭職了。他也無法認同AMF的野心，他以獨到的遠見指出AMF「認為哈雷大衛森可以成為下一個本田。這太荒謬了……我們從來就不是一間高產量的公司。」

威利・G・大衛森

威利・G是一位來自非凡家族的卓越人物，但出乎意料的是，他的職業生涯起點並不是哈雷大衛森，而是為福特及Excalibur汽車工作。在他於1963年加入他祖父的公司前，他在工業設計方面已經受過廣泛的教育。他在1957年也抽出時間設計了一個新的哈雷大衛森油箱標誌。在加入公司期間，他多半擔任造型部門的副總裁。在一個哈雷經常碰上的奇怪遭遇中，使威利・G一舉成名的車款，也就是1971年的FX Super Glide，其實是飽受批評的AMF所生產的第一個主要車款。而在十年後，在由董事長沃恩・比爾斯策劃買斷AMF的決策中，他也是其中一位主要推手。

　　AMF對於哈雷大衛森的掌握或許無法延續，但威利・G卻持續發揮影響力。在工作時，他的領域是

威利・G・大衛森產品研發中心。不過對於摩托車的世界來說，他就是一個會在斯特吉斯及代托納摩托車週這種集會上，戴著他個人商標的黑色貝雷帽，跟其他哈雷車迷一樣，興奮地欣賞各種車款的普通人。

　　威利・G擁有非比尋常的造型師才華，但他也有平易近人的一面。對許多人來說，他就代表了哈雷大衛森，而當他終於準備退休時，還有兩名大衛森的家族成員準備發光發熱。兒子比爾在1984年加入公司，負責經營哈雷車主俱樂部，而女兒凱倫（Karen）則負責經營MotorClothes部門。哈雷大衛森確實是一門家族事業。

■下圖：威利・G・大衛森為創始人的孫子，也是哈雷一位很棒的領路者。

哈雷大衛森工廠

威廉・S・哈雷以及大衛森兄弟於1904年，在大衛森家後院匆忙搭建的小屋中第一次開始生產，簡陋的木門上寫著「哈雷大衛森摩托車公司」這個偉大的傳說。而現今，這個著名小屋的地址——38街與高地大道的交叉口——是由另一間生產密爾瓦基著名特產的公司米勒釀酒公司所擁有。

■上圖：朱諾大道3700號，可能是摩托車界最著名的地址。

■左圖：就像告示牌上說的「僅限摩托車通行」。

朱諾大道

哈雷的開創元老在1905年雇用了他們第一個員工，並在12個月後搬進目前位於朱諾大道上，他們的第一棟工廠建築裡（當時這條路叫做栗子街）。在那一年裡，又有五名員工加入哈雷的浪潮，產量提升到50輛摩托車。他們的進展堅韌不懈

——但也令人疲憊不堪。華特・大衛森後來曾描述：「我們每天都在工作，包括星期天，至少工作到晚

■上圖：在朱諾大道工廠，就連水塔都有哈雷大衛森的商標。

■左圖：目前的歷史已經超過80年，原本的主要工廠現在是受到保護的古蹟。

■左圖／右下圖：現在的朱諾大道工廠裡只有管理階層和行政人員在工作，與哈雷將近一個世紀的歷史相呼應。

上十點，我記得有一次我們在聖誕節晚上八點結束工作，回去參加家族聚會。」

　　時間繼續推移：1907年──產出大約150輛摩托車，包括第一批哈雷警用摩托車；1908年──擁有18名員工，產量再度翻了三倍，增加到450輛。到了這個時候，生產工作是在哈雷大衛森第一座磚造建築裡進行，廠房面積為220平方公尺。

　　員工回想起公司擴張，以及製造出新摩托車的壓力：「在水泥還沒乾之前就要讓機具就定位，並開始生產」。從1907到1914的每一年，哈雷工廠的規模至少都翻倍成長。在歐洲的戰事爆發之際，共有1574名員工，在將近2萬8000平方公尺的工廠裡，生產出超過1萬6000輛摩托車。不誇張，《密爾瓦基日報》（*Milwaukee Journal*）以「現代奇蹟」來描述該公司飛快的發展。

　　戰時對於空間需求的壓力逐漸增加，公司甚至放棄了一棟220平方公尺的磚造建築，只為了將其拆毀，並在六個月後蓋一棟更大的

■下圖：哈雷的盾形標誌無論在摩洛哥或密爾瓦基都一樣好辨認。

廠房。當時在密爾瓦基，建築普遍都是短暫承租，就連禁酒令也對公司伸出援手，要比艾爾・卡彭（Al Capone，經營非法私酒生意的黑幫分子）的方式溫和多了。當釀酒廠停止運作時，哈雷大衛森便租下藍帶啤酒公司（Pabst Brewing Company），當作存放哈雷零件的倉儲。

　　戰後的繁榮時期讓哈雷大衛森曾短暫地成為世界上最大的摩托車

■左圖／右圖：高科技的電腦化機器已經是哈雷生產過程的一部分了（左），但測試（右）依舊由人力進行，而且這個人有可能為其他人工作嗎？

製造商。朱諾大道六層樓的巨大工廠正全速趕工，工廠於1919年4月竣工時，廠房的建築面積超過5萬平方公尺。但興盛只持續到1920年的大蕭條，當時年度銷量從超過2萬8000輛跌落至1萬零202輛。後來美國經濟成功回升，但摩托車的銷量卻沒有。一直到1942年，哈雷的銷售量才再度超過1920年的水準。在這種情況下，哈雷最不需要的就是更多工廠。自從1973年轉變為辦

公室及倉庫後，在哈雷歷史最悠久的地址：密爾瓦基西朱諾大道3700號，就再也沒有任何生產活動了。取而代之的是，這個舊址以及這棟宏偉的老建築，現在是哈雷集團總部以及訓練部門的所在地。

國會大道

哈雷還沒從1930年代的經濟蕭條中恢復（銷售量在1933年下滑到悽慘的3703輛），珍珠港便遭到轟炸，美國加入戰爭。接近1940年代末期，隨著市場復甦，公司希望能再度擴張。在1948年底，哈雷42年來

■下圖左：Sportster引擎正等著從國會大道工廠運送到堪薩斯。

■下圖右：重型引擎現在是在皮爾格姆路（Pilgrim Road）工廠製作，再運送到約克工廠（York）進行最後組裝。

■右圖：在執行像是擋泥板的最後加工時，沒有機器能比得上技工的技術，正如這張於賓州約克所拍攝的照片。

首度搬遷，前往密爾瓦基郊區的沃瓦托沙。

因此，國會大道工廠，這棟占地超過2萬4000平方公尺的單層建築，先前為A.O.史密斯（A. O. Smith）螺旋槳工廠，現在變成了哈雷大衛森第二個生產中心。由於對戰後摩托車需求增加的預期（飛機螺旋槳則相反），哈雷在兩年前便用150萬美元買下這座工廠。哈雷的經銷商曾在夜晚的「神祕導覽」中到了新工廠參觀，也留下了深刻印象。

在一年內，生產量來到史上最高，不過更艱困的時期即將到來。此外，不太吉利的是（至少對V-twin狂熱者來說是如此），1947年11月也是1.7馬力的Model S 125cc單缸引擎的首次亮相——這是一輛二衝程的哈雷，老天爺啊。這個車款跟BSA Bantam相同，都是基於德國DKW RT125的設計（包括後來山葉〔Yamaha〕的第一部車款YA-1，綽號「紅蜻蜓」），而且他們期望退伍的美國軍人會願意購買幾乎任何有輪子的東西。

然而，國會大道工廠的潛力要過幾十年才能完全發揮。從今日的角度來看，很難想像在戰後樂觀主義興起時，資金短缺的哈雷大衛森將面臨到什麼樣的考驗。在1950年代，哈雷的銷量完全被英國進口摩托車超越。自1948年的3萬1000輛後，銷量直到1965年才再次突破1

■右圖：國會大道工廠為Sportster引擎的生產地，以及官方的哈雷遊客中心。

■上圖：「重量級動力傳動裝置」——Evo引擎，等著運往約克工廠。

萬7250輛——而且在這個期間，銷量大都比較接近1萬2000輛。矛盾的是，當日本摩托車大量進口，刺激了大眾對於摩托車的興趣時，情況才開始好轉。在1960年代剩下的時間裡，年度銷量平均是3萬輛左右，並在1970年代中期提升到7萬輛。

　　銷量近期的好轉主要是歸功於AMF在生產空間上的鉅額投資，其中有許多空間目前仍在使用。最大的一筆購買是價值450萬美元，用於製造五速變速箱的大型機具。在這之前，朱諾大道工廠的生產效率一直都很糟糕，部分組裝好的機器裝在推車裡，搭乘電梯在各個工坊之間來回搬運。在1971年，引擎組裝的工作從朱諾大道轉移至國會大道，不過哈雷大衛森總部又繼續進行了幾年的引擎上漆及XR賽車引擎組裝的工作，是原址所從事最後的生產活動。

　　換上現代化外觀的國會大道工廠看起來已經不像戰時的螺旋槳工廠了，但在摩登的外表之下，舊工廠現在負責生產「小型動力傳動裝置」，以送往Buell摩托車以及堪薩斯城新的Sportster工廠組裝。除了哈雷遊客中心，還有一間新的顧客引擎維修廠也位於該處，這在大量

■右圖：一輛Springer車款停在威利・G・大衛森產品研發中心（PDC）外，此處為未來夢想的生產之地。

■右圖：產品研發中心座落於國會大道上的「小型動力傳動裝置」工廠後方。

生產的摩托車製造商中非常獨特。

瓦雷塞

除了最初的木頭小屋之外，哈雷大衛森從未捨棄任何在美國本土的廠房，但在海外的話，那就是另一個故事了。

哈雷大衛森與義大利的連繫是源自於一種希望能多樣發展出更小、更便宜車款的願望，以擺脫1950年代的財務泥沼。在1960年，哈雷收購了Aermacchi位於義大利瓦雷塞一半的摩托車部門。與其實際嘗試從零開發出更便宜的新車款，這筆收購被認為是拓展哈雷大衛森

車系更為明智的做法。在1960年9月，第一輛義大利哈雷揭曉了，就是250cc、四衝程引擎的Sprint，不過之後二衝程引擎佔了多數。（儘管會發出臭味的哈雷聽起來像是對大自然的冒犯，但輕型的二衝程引擎在1947到1965年的確有在密爾瓦基工廠生產過。）

這段合夥關係結果雖不如預期，但這的確給了哈雷第一個，也是唯一一個世界道路賽的冠軍。華特‧維拉在1974年到1976年間拿下三次250cc級別和一次350cc級別的冠軍，全都是騎著二衝程雙缸引擎。街車的生產過程受到一些荒謬情況的困擾，像是要把美國製造的連接線和控制系統安裝到義大利生產的摩托車上（但他們做得很棒）。

然而，從根本上來說，瓦雷塞並無法與日本競爭。在1978年6月，約翰‧A‧大衛森（John A Davidson）宣布終止該計畫。瓦雷塞工廠被Cagiva車廠買下，當時他們用了不到三年的時間，就達到每年4萬輛的產量。

■下圖：許多哈雷的員工都偏愛摩托車，但密爾瓦基的冬天可不適合騎乘。

約克

在1972年，AMF在賓州約克的巨大工廠幾乎是閒置空轉。在經歷了20年的蕭條之後，這恰好是哈雷大衛森迫切需要更多產能的時刻，尤其正逢密爾瓦基工廠的工會戰鬥力週期性地高漲。約克工廠經過翻新，接手了摩托車的最後組裝工作，而第一輛「約克製造」的哈雷於1973年2月正式出爐。國會大道工廠目前僅生產引擎及變速箱。約克工廠仍是哈雷最大的生產工廠，但製程

■右圖：「大工具」，一台有70年歷史的巨大機器，在約克工廠負責壓製油

■下圖：國會大道工廠現在會幫顧客維修翻新引擎。

已經不像以前那樣多樣化。在收購之後，約克工廠持續製造軍用裝備以及IBM電路板（在波斯灣戰爭期間於伊拉克投下的一些炸彈，其外殼就是在約克工廠製造的），但這些次要的生產活動現在都已經停止了。

與公司其他單位一樣，約克工廠在近年得到鉅額的投資——尤其是新建了一間塗裝房，以解決生產過程中最大的瓶頸。

隨著Sportster的生產轉移至堪薩斯工廠，約克現在專注於用四條生產線打造大雙缸引擎——三條用於客製化，一條用於重型旅行車款。

威斯康辛托馬荷克

老舊的托馬荷克造船公司的工廠座落於密爾瓦基西北方大約402公里處，哈雷大衛森在1962年買下他們60%的股份。購買這間3250平方公尺的工廠時，原先是想生產三輪車Servi-Car和高爾夫球車車體（哈雷大衛森曾一度掌握了美國三分之

一的市場），但後來則專門生產整流罩、馬鞍包、擋風玻璃和邊車。

就像哈雷大衛森帝國中的其他領地，托馬荷克工廠在1997年完工的擴建中，占地也擴大了1300平方公尺。

密蘇里州堪薩斯城

這間位於堪薩斯城、造價8500萬美元的工廠是哈雷製造業王冠上最閃亮的寶石。堪薩斯工廠占地3萬平方公尺，於1998年製造出第一批產品，Sportster車款全都是在此製造的。

堪薩斯工廠是哈雷的工廠中技術最先進的，「發展演進的轉折點」和「符合人體工學的生產線」之類的表述就如同「獨特的勞資共決領導理念」一樣，很容易出現在企業的語言中。

密爾瓦基

曾經有個時期，「密爾瓦基」這個詞只代表一個地方——朱諾大道工廠，後來開張的國會大道工廠則打破了現狀，而現在密爾瓦基地區總共有六間工廠。

■上圖：這間位於梅諾梅尼福爾斯村皮爾格姆路的工廠曾經是用來生產百力通（Briggs and Stratton）的引擎，但自1997年起便開始生產哈雷的「重量級動力傳動裝置」。

■下圖：最新型的Twin Cam 88及88B引擎就是在皮爾格姆路工廠製作的。

產品研發中心（PDC）是未來哈雷大衛森車款的誕生之處，地點就位於國會大道引擎工廠的正後方，占地2萬平方公尺，於1997年完工，造價4000萬元。

1997年，一間新的大雙缸引擎電力線工廠在附近的梅諾梅尼福爾斯開張，而在密爾瓦基外的富蘭克林也有一間新的零配件銷售中心。

皮爾格姆路工廠現在負責生產所有Evo和Twin Cam引擎，再送到約克工廠進行最後組裝。Buell的生產地則是在西南方半小時車程之外，位於威斯康辛州東特洛伊。

自第一次世界大戰以來，哈雷大衛森從未經歷過這麼大規模的擴張。1998年的年度產量是14萬8000輛，但1990年代開始時僅有6萬2000輛。多虧有堪薩斯工廠提供的量能，他們計畫在不久的未來繼續提升產量。

而這一切已經離當初的木造小屋非常遙遠了。

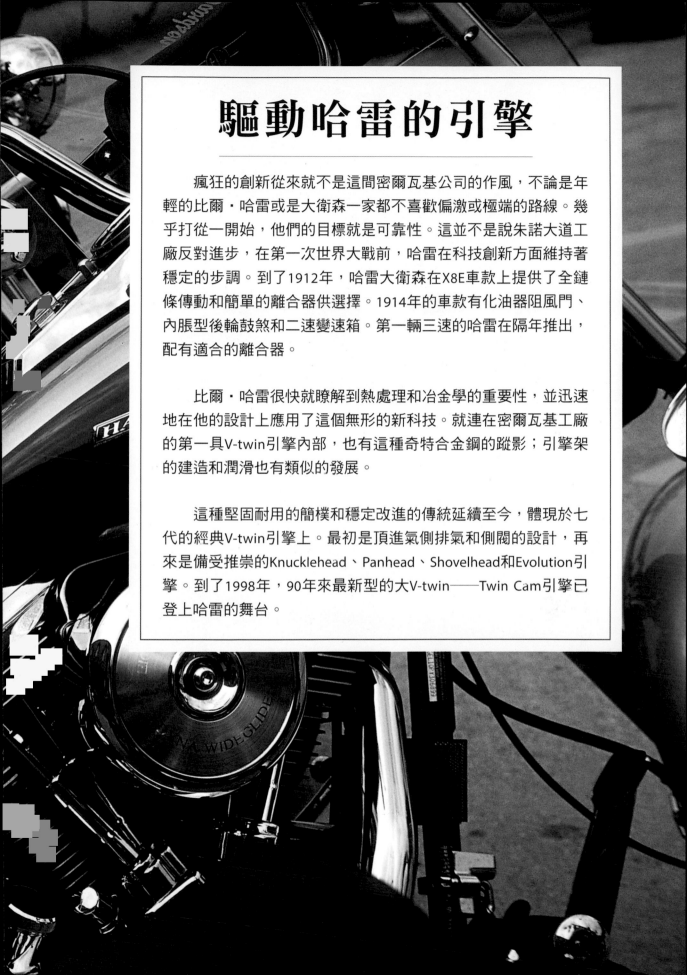

驅動哈雷的引擎

　　瘋狂的創新從來就不是這間密爾瓦基公司的作風，不論是年輕的比爾‧哈雷或是大衛森一家都不喜歡偏激或極端的路線。幾乎打從一開始，他們的目標就是可靠性。這並不是說朱諾大道工廠反對進步，在第一次世界大戰前，哈雷在科技創新方面維持著穩定的步調。到了1912年，哈雷大衛森在X8E車款上提供了全鏈條傳動和簡單的離合器供選擇。1914年的車款有化油器阻風門、內脹型後輪鼓煞和二速變速箱。第一輛三速的哈雷在隔年推出，配有適合的離合器。

　　比爾‧哈雷很快就瞭解到熱處理和冶金學的重要性，並迅速地在他的設計上應用了這個無形的新科技。就連在密爾瓦基工廠的第一具V-twin引擎內部，也有這種奇特合金鋼的蹤影；引擎架的建造和潤滑也有類似的發展。

　　這種堅固耐用的簡樸和穩定改進的傳統延續至今，體現於七代的經典V-twin引擎上。最初是頂進氣側排氣和側閥的設計，再來是備受推崇的Knucklehead、Panhead、Shovelhead和Evolution引擎。到了1998年，90年來最新型的大V-twin──Twin Cam引擎已登上哈雷的舞台。

F-HEAD / FLATHEAD

F-head

介於Flathead和頂置氣門設計之間的折衷方案就是頂進氣側排氣（ioe）的配置。顧名思義，這也稱為「F-head」，這個配置結合了頂置進氣閥和側排氣閥。

　　所有早期的哈雷車款都應用了這種設計，還有一個重要的附加特色。為求簡單，進氣閥是屬於「自動」或導進式，其中下降的活塞把閥「吸」開，然後透過一般彈簧讓閥返回閥座。這個彈簧一定要很輕，才能避免引擎轉速過高。這個系統的一個主要優點，是藉由移除進氣閥室，兩個閥都能輕鬆地拆卸，以進行維修——對於這些相對原始的引擎來說是一大優勢。他們還發現，由於閥直接對著彼此，燃油進入有助於排氣閥冷卻，延長引擎的使用壽命。如同早期的單缸

■左圖：F-head引擎：連接頂置進氣閥以及「汽缸蓋下方」排氣閥的長推桿，在這輛1915年的雙缸引擎車款中清楚可見。

引擎，第一具V型引擎採用了相同的配置——但他們付出了代價，事實證明雙缸的設計是不合時宜的失敗。

　　改良過的雙缸引擎，以及1913至1918年的5-35車系的單缸引擎，都使用傳統的機械操作頂置進氣閥，採取更完全的ioe配置。同樣的設計也移植到1922年的74英寸Model J上，又稱作「超級動力雙缸引擎」。這具18馬力的引擎也是第一具採用輕量鋁活塞的哈雷雙缸引擎。當Model J於1929年停產時，哈

■左圖：頂進氣側排氣在單缸引擎上屬於標準配置，就像這具1914年的引擎。

雷的雙缸引擎在接下來的六年中仍是唯一的側閥引擎。

Flathead

無論是否為哈雷大衛森所製造的，「Flathead」是所有側閥式引擎的直白通稱。這個綽號的原因很明顯：所有閥動裝置，包括閥本身，都位於活塞衝程頂部的水平位置下方，汽缸蓋是平的。第一部側閥引擎哈雷車款是1926年的A和B車系的單缸引擎，從1920年代末期到1936年Knucklehead引擎問世，這期間的所有雙缸引擎街車也都是使用Flathead引擎。直到1951年，甚至到1970年代，哈雷摩托車的目錄上都持續有側閥的車款。

側閥式引擎很受歡迎，因為製造和維護成本相對較低，而且比F-head引擎和頂置氣門設計更結實。雖然閥控制通常都很棒——凸輪軸和閥非常接近——但側閥的配置無可避免地產生了一個狹長的燃燒室，導致氣流特性蜿蜒曲折，閥冷卻效果也不好，這嚴重限制了這類設計能夠產生的功率。側閥引擎車款以可靠的載具聞名，例如看似銳不可當的WL45。

然而，哈雷側閥式引擎的時期產生了一個值得注意的例外——頂置氣門21英寸（346cc）單缸引擎，從1926年開始生產，直到KnuckleheadI引擎在1935年誕生的前夕。有哈利・里卡多（Harry Ricardo）協助設計，這具單缸引擎不僅本身就很成功，更催生出了著名的「Peashooter」賽車。五年前，里卡多打造出凱旋第一款四氣門引擎Model R。他的公司也參與了最新的凱旋三汽缸引擎和艾普利亞（Aprilia）新的V-twin引擎，RSV Mille的開發。

■上圖左：到了1920年代晚期，側閥式引擎已經是基本配備了。

■上圖右：側閥式引擎支撐著哈雷車系直到1950年代，就如這輛WL45。

■下圖：這個角度清楚地展現出基本側閥V-twin引擎的簡潔俐落。

KNUCKLEHEAD，1936～1947年

Knucklehead引擎結實的外表使其成為哈雷大衛森的精髓。對許多摩托車騎士來說，該引擎於1936年問世時，就代表許多年來損失慘重的經濟蕭條已經結束。當時只有哈雷和印地安這兩家美國摩托車製造商倖存下來，摩托車的銷量慘澹無比，以至於一年前，哈雷的整個車系僅包含兩種車款。有了新的旗艦車款（正式名稱為Model E），哈雷的命運迅速改善，1937年的銷量在1930年代首次突破1萬1000輛。

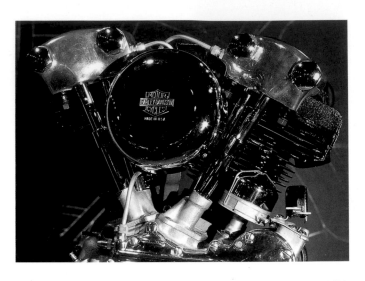

■上圖：Knucklehead引擎為哈雷生產的第一款頂置氣門雙缸引擎。

Knucklehead引擎的開發其實是從1920年代晚期開始，首先是把由單汽缸Peashooter上半座組成的特殊部件移植到現有的V-twin JDH的曲軸箱上，然後再裝到工廠的DAH賽車上。雖然還很新，但DAH用的是Peashooter的汽缸蓋。1931年，董事會批准了「正式」的Knucklehead計畫——在當時工廠產能僅剩10%的狀況下，這是相當大膽的一步。這

■下圖：由ohv Peashooter單缸引擎開發而來，Knucklehead可以說是1984年Evo引擎的直系祖先。

個引擎在1934年之前可能已經開始生產了，但由於政府的限制令旨在減少失業率，有效地阻礙了引擎開發工坊的加班工作。其過程相當漫長，但絕對值得等待。

Knucklehead引擎在許多方面都是朱諾大道工廠的「第一」——第一個四速（前進檔）變速箱，第一具有半球狀（半）汽缸蓋的引擎，以及第一具頂置氣門街車雙缸引擎。該引擎深受傳奇人物喬·彼得拉利的比賽經驗影響。他是哈雷大衛森的研發騎乘員，也是近乎無敵的賽車手。Knucklehead引擎在佛羅里達代托納海灘的沙地上，以時速136.183英里高調地宣告了自己的到來，這個速度紀錄到現在還沒被打破。

61英寸的Knucklehead引擎，實際上是60.32立方英寸（989cc）——起初搭配了三種不

同規格的車款：E（標準）、ES（邊車）和 EL（高壓縮比跑車，活塞壓縮比6.5：1），彼得拉利的影響顯而易見。EL在4800轉時，功率輸出超過40馬力，與遲鈍的側閥車款相比，性能的提升尤其巨大。儘管生產途程相當悠閒——這個情況也不是第一次了——但最初還是發現了可靠性的問題。

其中最糟糕的是該引擎新的乾式油底殼潤滑。有些地方的油太少了，而其他地方如馬路上，油又太多了。1937年進行了部分修復，但直到1941年73.7立方英寸（1207cc）的Model F Knucklehead引擎問世，配備了離心式機油泵旁通閥，問題才完全解決。儘管在許多外部密封處和獨立的初級傳動潤滑

■上圖：若不是因為經濟大蕭條，Knucklehead引擎幾乎確定能在1937年以前投入生產。

■下圖左／右：Knucklehead車款的數量因為第二次世界大戰的關係減少了非常多，在戰爭結束的三年後就由Panhead引擎接替了。

時都會發生漏油而臭名昭著，但在非常高溫的情況下，許多騎士反而偏好Knucklehead巨大的油系統，而不是後來「改良的」Panhead引擎。

更大的Knucklehead主要是為了跟大排氣量的印地安V-twin引擎競爭。更大引擎的額外扭矩需要一個新的七片式離合器來替代舊的五片式，使摩擦面積增加65%。此外，還有一個更大的後制動器、一個飛機式車速表，跟一個更大、效率更高的空氣濾清器。

由於種種原因，Knucklehead從未完全發揮它的影響力。如果不是因為經濟大蕭條，它肯定會更早投入生產。Model F剛上市時，日本人就在1941年12月襲擊了珍珠港，而戰爭的爆發迫使工廠將大部分注意力轉移到軍事生產上。

密爾瓦基當地的傳說是，最好的大Knucklehead引擎是在戰爭發生前一年生產的，但戰前的準備就代表在1947年以前，很少有新的74英寸（1207cc）Knucklehead成功上路。

到了1948年，哈雷的新老闆上任，Knucklehead也被載入公司的史冊。

PANHEAD，1948～1965年

1945年，哈雷恢復了民用摩托車的生產，不過要到1947年，銷量才恢復到戰前的水準（部分是因為罷工）。1948年，高貴Knucklehead引擎的替代品首次公開亮相。

在哈雷穩健創新的傳統中，被稱作「Panhead」的引擎是Knucklehead的演進，而不是一個全新的概念。之所以會有這個稱呼，是因為它的鍍鉻鋼搖臂蓋看起來像倒置的烤盤。Panhead有74英寸和61英寸（989cc）兩種尺寸，而後者在1953年停產了。較大的版本保留了「傳統的」缸徑乘衝程尺寸：87.3×100.8mm。

Panhead採用鋁合金汽缸蓋取代Knucklehead的鑄鐵汽缸蓋、選用新的搖臂裝置和液壓挺桿，而不是噪音更大的實心推桿。潤滑系統也經過改良，較不會漏油，凸輪軸

■右圖：Panhead引擎從1948到1965年為哈雷大衛森的大雙缸引擎車款提供動力。

■下圖左：自1948年起，Panhead驅動的車款包括第一輛Glide、Hydra Glide……

■下圖右：還有瘋狂的泥地賽車，如圖所示。

也是新的。下半座與Knucklehead的大致相同，但油系統受益於更大容量的機油泵，而且主要供油管現在在內部，而不是用凌亂的外部管線供輸。

新的鋁製汽缸蓋不僅改善了引擎的冷卻性能，而且還使引擎重量

■右圖：第一輛Electra Glide就是由Panhead提供動力的。

■右上圖：Duo Glide也是由Panhead所驅動。

■下圖：最早出現的其中一輛Panhead引擎哈雷車款，1948年的哥德式前叉Model F。

比以往輕了3.6公斤。為確保引擎夠耐用，火星塞和汽缸螺栓是穿過鋼嵌件，而不是汽缸蓋相對較軟的鋁。雖然有這些改進，但早期Panhead的輸出功率與Knucklehead大致相同——74英寸的引擎在4800轉時，輸出功率約為50制動馬力。在1953年時，調整了氣門挺桿的位置，從推桿頂部移至正時箱中凸輪軸的凸輪和推桿之間。同時曲軸箱的左右兩半都經過大量修改，特別強調了機油的控制。1956年，哈雷大衛森推出了更多改良。到目前

為止，濾清效率更高的空氣濾清器和高揚程的「勝利」凸輪軸，已經為Panhead的原始輸出功率增加了大約5制動馬力。在壽命即將結束的1963年，Panhead引擎恢復到Knucklehead引擎外部的上半座供油，以防止過熱，這是美國西南部沙漠中會遇到的問題。至少與Panhead引擎本身一樣持久的是第一輛搭載這種引擎的新車款名稱。

1949年問世的Hydra Glide是第一款採用液壓阻尼伸縮式前叉的哈雷大衛森摩托車，也是第一款獲得摩托車界歷久不衰稱號的車款：「Glide」。Panhead引擎將大力推動著名的車款，不僅為1958年的Duo Glide提供動力，還包括最早出現的Electra Glide。

SHOVELHEAD，1966～1984年

根據哈雷流傳的說法，1965年發生了兩件大事。首先是新一代Shovelhead引擎的登場，取代了德高望重的Panhead引擎；而第二件也是更為重要的大事，則是讓公司在股票市場上市的決定，當時看來無疑是個好主意，但最終卻導致被美國機械與鑄造公司（AMF）收購。

現代的大眾觀點多為AMF疏忽了哈雷，說他們不瞭解摩托車，讓品質迅速走下坡。這種批評大多有一定的道理，但其實AMF在他們的新計畫中投入了數百萬美元，而且年度銷量實際上翻了三倍之多。

如果說哈雷有問題，那麼身為美國的一部分跟身為AMF的一部分可能都是問題的成因。就像其他許多美國產業一樣，他們同樣都被日本最先進新產品湧入的浪潮所淹

沒。正如英國摩托車產業以更高昂代價所體悟到的，也就是1960和70年代不適合悠哉地更新1930年代的設計，簡單來說，Shovelhead引擎從來就沒有機會。

Shovelhead首次搭載於1966年的Electra Glide車款上，沿用了哈雷的慣用方法，也就是在上一代引擎開發中經過反覆考驗的曲軸箱上，用螺栓把新的上半座固定上去。曲軸箱右半部和無鰭片式的正時護蓋都進行了小幅調整，但下半座基本上就是1965年的Panhead引擎，包括1964年重新引入的外部供油裝置。

全新的上半座包括鋁合金汽缸蓋和鐵製汽缸筒，搖臂蓋也使用輕合金代替Panhead的壓製鋼。這些改進都是源自於XL Sportster的引擎，包括封閉式、重新設計過的搖臂和排氣閥。雖然這使得Shovelhead的上半座稍微讓人聯想

■左圖：早期的Shovelhead把全新的輕合金上半座安裝在基本上是Panhead引擎的曲軸箱上。

■最左圖：這是一具「發電機」Shovelhead引擎，生產到1970年為止。

到Sportster車系，但後者是屬於一個完全獨立的單體構造引擎的家族。同樣引人注目的是Shovelhead的「火腿罐頭」空氣濾清器蓋，從1966年末開始與一個等速的提洛森（Tillotson）膜片式化油器搭配使用。「Power Pac」汽缸蓋設計在FLH車款的規格中大約能提供60制動馬力，比 Panhead引擎的汽缸蓋多了5制動馬力，標準的FL車款則是54制動馬力。觀察家將新的汽缸蓋形容為類似煤鏟的背面，因此有了這個稱呼。

　　跟所有哈雷V型引擎一樣，ohv

■上圖：哈雷成功兼顧了實用與造型。

■下圖：「交流發電機」Shovelhead可以透過曲軸末端的錐形外殼辨別，此處標有AMF的「第一」標誌。

引擎使用叉狀連桿，兩個汽缸在同一個平面上，以消除搖晃力偶。初級傳動是透過鏈條傳到四速變速箱（到1980年以前，有邊車的車款是三個前進檔和一個倒退檔）。Shovelhead在1970年獲得了新的下半座，在這之中，裝設在曲軸上的交流發電機取代了先前的發電機（讓引擎變得更寬了）──因此才會有「發電機」和「交流發電機」兩種Shovelhead引擎。後者也稱為「錐形引擎」，可以透過右側的錐形引擎蓋來辨別。點火點總成從原本的外部位置移到正時箱內，而正時齒輪也簡化過了。

　　最初以74立方英寸（1207cc）的大小生產，隨著1978年的FLH-80加入了電子點火系統，Shovelhead便擴大到80立方英寸（1340cc）。兩年後，第一個五速變速箱問世了，首先是出現在FLT Tour-Glide上，同時也是哈雷第一款使用橡膠減振座的引擎。

V2 EVOLUTION，1984年～今日

也許哈雷高貴的大雙缸引擎家族中，下一個產品最大的缺點是少了有吸引力的稱號。它的正式名稱是「V2 Evolution」，與大多數哈雷車款的稱號相同，也是一個註冊商標。這個引擎跟任何車款都很相配，就像之前的Shovelhead和Panhead引擎一樣，它也是從前身改良演進而來，而不是全新的設計。

雖然名稱很相稱，但一點也不令人玩味。經過幾十年來的Flathead、Knucklehead、Panhead和Shovelhead，不得不說，「Evo」少了那股堅韌真誠的響亮。不過對這具引擎的創造者來說，還好早期一個不友善的提議「Blockhead」（指塊頭、傻瓜）沒有繼續沿用。

密爾瓦基工廠有個奇怪的特點：所有主要的哈雷大衛森ohv引擎都是在衝突中誕生

■左圖：Evolution引擎是從Shovelhead雙缸引擎發展而來，但很快就證明自己更有力、乾淨，也更可靠，及時拯救了哈雷的命運。

的。Knucklehead是大蕭條時代下的產物，Panhead的到來被罷工和戰後重建所圍繞，而Shovelhead則預示著多年的衰落。當Shovelhead備受期待的替代品於1984年問世時，哈雷大衛森實際上已經破產了。哈雷大衛森如何擺脫或許是他們史上最大危機的故事在其他篇章另有介

■左圖：到了1985年，Evolution引擎已經為所有大雙缸引擎車系提供動力，Sportster車款在一年後也裝上了這具引擎，但最終它還是把位子讓給了Twin Cam引擎。

■右圖：Fat Boy是Softail車系中最時髦的車款。

紹，但密爾瓦基工廠從來沒有像現在這樣，迫切地需要一具能為他們運送貨物的引擎。

　　幸運的是，對於世界各地的哈雷車迷來說，Evo曾經是——現在也仍是——他們和哈雷公司所期盼的。與18年前問世，年歲已久的Shovelhead相比，Evo的重量輕了9公斤，而且能多輸出10%的馬力和15%的扭矩。Evo的汽缸保留了88.8×108mm的「經典」尺寸，實際排氣量為81.8立方英寸或1340cc（不是名義上的80英寸）。與Panhead到Shovelhead的演進一樣，Evo引擎使用了源自其前身的下半座，但加上了改良的連桿和新的全合金上半座。此外還努力提高油密性和可靠性，並減少維修保養的工作，結果非常成功。

　　額外的動力（在5000轉時約70制動馬力）主要來自於更陡峭、更直的氣道，氣體進入重新設計過的燃燒室、新的點火裝置、改良過的氣門正時和更高的壓縮比。在新引擎七年的開發過程中，他們還投入了大量精力重新設計潤滑系統，預

防Shovelhead令人詬病的易漏油特性。除了少數幾輛，所有Evo車款都搭載五速變速箱，而從1984年晚期開始，還裝設了改良相當多的隔膜離合。到了1986年，1340cc的Evo引擎有了V2 Sportster的加入，提供883和1100cc，後者在兩年後演變為第一款1200cc的 Sportster。與1340cc的版本不同，Sportster Evo採用單體構造，其中曲軸箱和變速箱能自成一個單位。

　　引擎的話題就說到這裡。這間最近剛獨立的公司，是由充滿活力和想像力的管理團隊所負責。就團隊而言，Evo擁有另一項備受嘲笑的Shovelhead所缺乏的無價資產。哈雷現在似乎掌握了摩托車文化的脈動，最重要的是似乎也瞭解了他們的市場。

　　公司的掌舵者現在與顧客打成一片的方式，是保持距離、沒有特色的AMF無法達到的，與Shovelhead引擎的時期形成強烈的對比。他們以哈雷的命脈仰賴於產品上的態度來銷售——毫無疑問地，情況確實是這樣。

TWIN CAM 88

Twin Cam引擎於1998年亮相，被譽為「自Knucklehead以來引擎設計最大的改變」。首次出現在1999年的Super Glide、Dyna Glide、Road Kings、Road Glide和Electra Glide上，Twin Cam以更平穩、更優雅的整體表現提供更大的動力和扭矩。儘管取了這個名字，它仍是一具頂置氣門引擎——跟名稱有關的凸輪軸在下方。與以前大雙缸引擎由齒輪傳動的凸輪軸不同，Twin Cam引擎是鏈條傳動的，生產成本低了許多。曲軸箱的機械加工方面也省下了大量成本，這個製程在Evo引擎上需要進行37次不同的操作，但在Twin Cam上只需要3次。

　　機油循環這方面受到了特別的關注。儘管這令人驚訝，但哈雷的工程師在著手製造Twin Cam引擎時，幾乎不知道Evo引擎中的潤滑油實際上有什麼功用——除了油老是無法到達應該潤滑的位置，而且在非常炎熱的環境下，油壓的下

■右圖：Twin Cam在開發階段僅被稱作「P22」，還未得到暱稱，不過「肥頭」這個不太友善的建議還滿貼切的。

■下圖：Twin Cam引擎帶來了動力與精緻的新境界，先是應用在重量級Glide車款上，再來是Softail車系。

降可能會引起危險。在花費了18個月，不辭辛勞地研究布滿有機玻璃「窗戶」的引擎後，工程師相信他們終於瞭解新引擎了。事實上，真正的硬體，也就是一個大容量的「旋轉齒輪」泵和兩個不同的掃氣系統，反而不比引擎的內部細節重要。與該計畫最大的問題相比，很容易就能理解，問題根本不在於硬體，而是人。在1980年代裁員後，哈雷根本沒有能開發新

■上圖：更快、更乾淨、維修更容易——所有哈雷騎士都會感到滿意。

而缸徑從88.8大幅上升到95.3mm。崇尚傳統的人可能會感嘆，自Shovelhead引擎便一直存在的神聖尺寸88.8×108mm已經消失了。

然而，他們肯定不會為Twin Cam引擎驚人的最大扭矩感到哀傷：轉速僅3500轉時，扭矩可達86英尺磅（lb/ft），116牛頓米（Nm）。需要更多馬力的騎士不用擔心：Twin Cam的設計可以讓排氣量增加到高達1550cc，也就是增加6到8馬力。

與以前ohv雙缸引擎有螺栓固定的曲軸相比，Twin Cam的曲軸是壓製的。由於衝程更短，它能達到更高的轉速。儘管5500轉的最高轉速只比以前高了300轉，但開發引擎在安全測試下最高可達7000轉。

讓所有人感到驚訝的是，哈雷放棄了Evo引擎，並在2000年推出Twin Cam 88B，這是一款為Softail車系量身打造的單位組合構造引擎。

它代表了哈雷的另一個首創——用雙平衡軸消除引擎振動。Softail車款此後便不再是車系中的「顫動大王」了。

引擎的團隊，所以在開始製造Twin Cam引擎前，必須先從零開始湊齊一個團隊。根據狀態的調整，哈雷宣稱與先前Evolution的設計相比，動力增加了14至22%（在Dyna Glide上能達到87制動馬力），一部分是透過更高的壓縮比、改良的燃燒室形狀、導進管道，以及新的點火裝置來實現。

最後是排氣量增加了10%，達到88.4立方英寸（1449cc），成為密爾瓦基工廠有史以來建造過最大的原廠引擎。為了打造出額外的體積，衝程從108減到101.6mm，

■右圖：2000年的車款搭載了平衡軸Twin Cam 88B，讓Twin Cam引擎成功裝設到Softail車款上。

復古科技

哈雷大衛森跟早期所有充滿抱負的摩托車公司先驅一樣，在機動腳踏車進化為真正摩托車的過程中加入了許多新想法和技術。跟引擎相同，傳動裝置的變革靠得是反覆試驗的理念，而好的做法會發展成功，壞的做法很快就會失敗並棄而不用。然而，哈雷大衛森的創始人很快就明白，他們的目標最重要是在於製造出有效並且可靠的東西。只有在針對某些特定需求或不足之處時，才會考慮涉足不熟悉的領域，然後以徹底的執行把對手甩開。在這個情況下，公司一直都只有微幅的變動。

那麼也許令人驚訝的是，朱諾大道工廠偶爾會提出曖昧含糊的宣稱，說自己是摩托車界的「第一」。在1914年提出的「踩踏啟動」和1927年推出的前制動器就是很好的例子。英國的史考特

摩托車公司（The Scott Motorcycle Company）很早就發明了腳踏啟動器，而在1920年代以前，前制動器在歐洲摩托車上就已經非常普及了。像是在1923年，道格拉斯摩托車（Douglas）的賽車就採用了外型相當現代化的前輪碟式煞車。所以當哈雷大衛森聲稱「第一」時，其實是指美國的第一。

如今，哈雷在現代化的技術創新上幾乎毫不掩飾，不過他們可能會宣稱自己的摩托車是一門十分先進的工藝——尤其會特別強調「工藝」。在純粹的性能方面，新穎的工程通常會慢慢導入：哈雷的第一

■最左圖／左圖：兩個哈雷出品的主要發明：皮帶最終傳動，搭載於這輛五速883 Sportster上（最左圖），以及「復古科技」的Springer前叉（左圖）。

個五速變速箱在1980年推出；燃油噴射系統在1995年推出（是為了改善廢氣排放，而不是增加動力）；以及等待已久，目前還盼不到的頂置凸輪軸（高科技的VR1000超級摩托車賽車除外）。哈雷大衛森領先的兩個領域，一個是齒形皮帶最終傳動，這是一個相對簡單卻絕妙的開發，首次出現在1980年的FXB Sturgis上；另一個是最引人注目的「復古科技」的概念。

復古科技源於威利・G・大衛森和他在產品研發中心同事的想像，以及哈雷工程師的巧思。它是現代工程接納後現代造型轉變的方法，是獨一無二的哈雷大衛森風格。復古科技能設法讓1999年的車款看起來跟1949年的Hydra Glide一樣，但功能更為進步。威利・G創造了「新懷舊」這個詞彙。

復古科技的主要元素分別是Springer和Softail的前叉和車尾。Softail的系統由顧問工程師比爾・戴維斯（Bill Davis）設計，並被競爭對手大量模仿。它包括一個懸臂樑懸吊系統，使用兩個下懸式避震器，巧妙地表現出以前的剛性摩托車尾端的樣子。因此有了「Softail」（軟尾）這一個相對於「硬尾」的名稱，這是一種摩托車

■上圖：Springer前叉的另一個角度，靈感來自1940年代的哈雷哥德式前叉。

■下圖：1991年創新的Sturgis車款的細節。

■左圖：這種看似簡單的橡膠減振座改變了1993年Wide Glide和後續的Dyna Glide車款的騎乘體驗。

改裝的綽號，方法是移除後懸吊，讓線條變得更簡潔，但舒適度會明顯地下降。

Springer前叉是在Hydra Glide之前，於哈雷車款上使用的哥德式前叉的複製品，風格非常強烈。儘管1940年代的造型是由外露的彈簧和閃亮的鍍鉻葉片，Springer前叉比以往所有哈雷大衛森硬體更加受益於電腦輔助的設計。

幾乎你能想到的其他摩托車品牌都要比任何哈雷大衛森車款擁有「更多」——更多汽缸、閥門和凸輪軸，更多齒輪、更高的轉速、更多的動力——但正如行家們瞭解的那樣，對於哈雷最頂尖的摩托車來說，少即是多。

如果說哈雷有代表什麼意義的話，那就是回到摩托車的根源吧。正如造型部門副總裁威利・G幾年前觀察到的那樣，車主「把哈雷的造型看得跟母親和上帝一樣重要，他們不希望我們胡搞瞎搞。」就像另一個美國代表性品牌Zippo打火機的標語：「這行得通」（It Works）。

而且俗話說：「如果東西沒有壞，就別修了。」

特立獨行

哈雷大衛森最初是一家懷有崇高抱負的公司，但一些發展肯定會讓創始人都感到驚訝。1924年，由哈維‧穆默特（Harvey Mummert）使用哈雷引擎（18馬力）打造的飛機，在俄亥俄州代頓市的一場飛行比賽中，於速度和效率項目獲勝。

四年後，《飛行與滑翔機指南》（Flying and Glider Manual）公布了為74英寸哈雷雙缸引擎打造螺旋槳的計畫。到了1930年代中期，已經有數百架輕型飛機是由哈雷昆引擎（Harlequin）提供動力，這個引擎是在特殊的水平對臥式曲軸箱上裝上哈雷大衛森的汽缸。這麼做所得到的水平對臥雙缸引擎（boxer twin）能輸出30馬力，而且建造成本不到100美元。另一個相反的情況是大衛斯縫紉機公司（Davis Sewing Machine Co.）在1918到1924年為哈雷製造的腳踏車——這是一輛根本沒有引擎的「豬」（Hog，由於豬是哈雷摩托車的吉祥物，所

■左圖：Tour Glide車款本身並不奇怪，但摩托車的拖車有一陣子很怪異，而現在已經變得相當普及。

■上圖：哈雷大衛森高爾夫俱樂部？

■左圖：這個嘛，哈雷的確生產過一陣子的高爾夫球車。

以也成為它的暱稱）。

哈雷的雙缸引擎也用於船隻和各式各樣的固定引擎。不同於大家所想像的，大雙缸引擎並不是單一不間斷、從20世紀初期蔓延至21世紀的浪潮。除了早期的單缸引擎外，V-twin系列中最有名的變體可能是1919到1922年的Sport Twin——

■上圖：哈雷車種的另一種變化型態，這次被工廠的賽車隊當作賽場的代步車。

■左圖：一個美國指標變身為另一個：哈雷漢堡。

使用37英寸（584cc）水平對臥式引擎，類似當代的道格拉斯摩托車。20年後，軍用XA車款在第二次世界大戰期間登場，由橫向、水平對臥式的Flathead雙缸引擎提供動力。

如果有其他軍用原型車款達到生產階段，即便是古怪的XA也可能無法實現。其中包括在崎嶇地形使用的三輪車、裝甲機槍運輸車，以及由一對連在一起的Shovelhead引擎所組成的小型坦克動力裝置。那時，哈雷三輪車已經成為美國平民生活日常的一部分了。

三輪車於1932年推出時，他們稱為「Servi-Car」。雖然前叉相當傳統（「借用」於Model D側閥V-twin引擎車款），但後頭的東西卻令人驚訝。在兩輪後輪軸上方放置一個金屬架構的「行李箱」：這個看起來笨拙的設備是一種便宜實惠的運輸工具，在受到大蕭條摧殘的美國找到了現成的市場。對許多

■上圖左：Servi-Car雖然奇怪，但很有用，從1932年一直活躍到1970年代。

■上圖右：哈雷是世界上其中一個最大的邊車製造商，就如這輛WL45的配備。

■下圖左：這輛搭載Evo引擎的Servi-Car原型沒辦法達到生產階段。

■下圖：鮮為人知的XA車款搭載了水平對臥雙缸引擎。

哈雷車迷來說，更糟的才剛要到來，從1947年的Model S開始，結束於Topper速克達。

最奇怪的跨足發展是實際上在美國製造的哈雷二衝程車款——但沒有車輪。哈雷雪地摩托車由400或430cc的引擎驅動，花了四年建造，到1975年才完成。

對多樣性發展的其他追求，讓公司擴展到軍用炸彈外殼、電腦電路板，以及「假日漫步者」休閒車的製造。

撇開別的不說，這些都表明這間公司已經偏離他們現在認為的初衷非常遠了。

如果立法允許，未來所有哈雷大衛森車款都會是氣冷式、45度的V-twin，兩個汽缸精準地排成一直線，那麼未來肯定會這麼發展。

扮演的角色與
戰爭的洗禮

幾乎在第一輛車款從密爾瓦基生產線製造出來的同時，哈雷大衛森就參與過各種工作。

1909年，哈雷為剛起步的美國鄉村信件郵遞員（Rural Mail Carrier）提供摩托車，但最為人所知的是他們與美國各地警察單位的合作關係。1908年，哈雷首次涉足執法部門，自那時起，哈雷已經成為全球警察單位不可或缺的交通工具。

消防車、貨車、高爾夫球車：哈雷生產的引擎全都為這些車輛提供過動力。如果在民間，這些車款是不可少的勞動機具，那麼在軍隊裡，它們就是無與倫比的工具。第一次世界大戰是哈雷首次於重大戰爭中登場，並確立了作為「山姆大叔首選」的定位，而且在第二次世界大戰期間變得更加重要。

不論是警用的側閥V-twin Model D、送貨用的Servi-Car，或是軍用的45英寸WLA，哈雷大衛森都能確實達成使命。

Servi-Car的吸引力就在於持久耐用，從1970年代晚期到1980年代早期的一段時間裡，這甚至是唯一一種在許多美國警察單位裡服役的哈雷產品。

哈雷大衛森想繼續為執法單位服務的意圖，在後來Shovelhead引擎的時代看起來不太樂觀。由於品質控管和整體性能的問題，讓許多警察單位開始尋找別的交通工具。有大約10年的時間，就連加州公路巡警局（CHiPs）都開始騎乘義大利Moto Guzzi的V-twin車款和日本川崎的四汽缸摩托車。一直到1984年Evolution引擎問世，哈雷才有辦法再次提供滿足加州公路巡警局的摩托車。自那時起，哈雷的主力警用車款就一直是FLHT-P Electra Glide和FXRP Pursuit Glide。

第一次世界大戰

等到美國於1917年加入第一次世界大戰時，哈雷大衛森的摩托車已經出現在與墨西哥革命者龐丘·比利

亞（Pancho Villa）的小規模衝突中了。在「黑傑克」潘興將軍的指揮下，搭載了機關槍的哈雷大衛森摩托車證明了自己很適合邊境巡邏隊在崎嶇地形使用。

在過程中，朱諾大道工廠證明了自己很擅長滿足軍事需求。1916年3月16日，戰爭部傳來了更多摩托車的訂單電報。兩天後，配備了

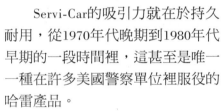

■上圖左：誰能夠在斯特吉斯騎哈雷摩托車還有錢拿？就是當地的警察。

■上圖右：因為好品味而被逮捕？一輛哈雷警用摩托車追到了另一輛哈雷。

■左圖：這輛Evo引擎車款隸屬於沃盧西亞郡警局，少數幾個位於代托納海灘區域的警察單位。

■左圖：自從1908年第一輛警用哈雷誕生以來，後來又有了數千輛，其中大多數警用摩托車都到了比朱諾大道更遠的地方。

威廉·哈雷設計的邊車槍支架的十幾輛摩托車準時抵達距離超過1600公里的邊境。九天後，第二批六輛摩托車的訂單傳回密爾瓦基總部，這次只花了33小時就把摩托車送至前線。當然，工廠在滿足「山姆大叔首選」的效率可不差呢。

哈雷很快就瞭解到可能會對歐洲的戰爭做出貢獻。在美國參戰的四個月內，亞瑟·大衛森在某次銷售會議上談到這個國家的（也許是公司的）命運所在：「現在這個時刻已經沒有人能不選邊站了，他要麼支持美國，要麼反對美國，而我們越快在這個問題上達成共識，我們就越有能力贏得戰爭。」

在美國參戰的第一年裡，生產的摩托車大約有一半都進到軍隊裡服役。在戰爭的尾聲，密爾瓦基工廠生產的所有摩托車都是為了國家而打造。在過程中，身為摩托車戰爭服役委員會（Motorcycle War Service Board）一員的威廉·哈雷擔任了重要角色。他將摩托車分類為「B-4」，這賦予了摩托車必要的生產地位，能優先取得原物料。哈雷大衛森約有312名員工也都入伍了，除了3人，其餘所有人都在這次戰爭中存活了下來。

在硬體方面，第一次世界大戰中，美國「徵召入伍」的摩托車總共大約2萬輛，絕大多數是哈雷大衛森的摩托車。這項成功最終使哈雷超越了主要競爭對手印地安，此後再也沒被印地安反超。軍用哈雷主要是傳統F-head設計的61英寸（989cc）雙缸引擎，能輸出將近9

■上圖：代托納三要素：陽光、海水和哈雷摩拖車。

■右圖：威廉·哈雷在第一次世界大戰早期，監督著搭載特殊裝備的哈雷雙缸引擎車款的測試。

■上圖：一輛分派給美國憲兵的二戰WLA45。

馬力，主要用於發送電報和偵察任務，而其中一個任務造成了轟動。

羅伊・霍爾茲（Roy Holtz）下士是該任務的摩托車駕駛員，他來自於威斯康辛州契波瓦弗斯，距離密爾瓦基市中心320公里遠。1918年11月8日，在德軍慌亂撤退時，霍爾茲受命帶著他的連長去執行偵察任務。在夜晚和惡劣的天氣下，連長迷失了方向，他不顧霍爾茲的抗拒，指揮他穿越敵人的防線。兩人最終偶然發現一個德軍戰地總部，而連長命令霍爾茲去問路。結果他們遭到俘虜，但三天後隨著休戰協定得以獲釋。騎乘哈雷V-twin的霍爾茲因此成為第一位踏上德國土地的美國軍人。

第二次世界大戰

哈雷的銷量還沒從1930年代的大蕭條中恢復，珍珠港便遭到轟炸，美國進入了第二次世界大戰。密爾瓦基工廠早在1939年秋天，歐洲戰爭爆發後不久，就開始準備應付軍事需求。在與印地安和德科（Delco）的競爭下，哈雷早期專注於製造水平對臥雙缸引擎的

Servi-Car，以滿足陸軍對於應付崎嶇地形三輪車的建議。其他未完成的計畫更是奇怪，包括裝甲機槍運輸車，以及一個要搭載在一對頂置氣門引擎組成的小型坦克車上的原型動力裝置。

由於民用摩托車暫停生產，到目前為止，哈雷大衛森對於戰爭的大部分努力是投入生產WL側閥V-twin的軍用版本，也就是WLA，同等級的74英寸（1207cc）軍用UA和USA（有邊車）車款的生產數量要少得多。在將近9萬輛軍用的哈雷大衛森摩托車中，大約有8萬8000輛是45英寸的WLA，其中三分之一為蘇聯軍方所用。堅固簡樸的特性使側閥雙缸引擎在和平時期得到可靠的名聲，在戰爭時同樣能滿足更嚴苛的需求。

雖然哈雷為加拿大軍方生產一個特殊的ELC車款，但只有極少數的Knucklehead引擎車款「入伍」。哈雷的另一個主要貢獻是古怪的XA車款，由一個水平對臥式Flathead雙缸引擎提供動力，排氣量為45立方英寸（739cc）。XA是

■右圖：一輛受到戰爭嚴重摧殘的WLA，但它是堅固無比的車款。

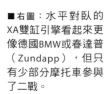
■右圖：水平對臥的XA雙缸引擎看起來更像德國BMW或春達普（Zundapp），但只有少部分摩托車參與了二戰。

專為在北非沙漠中使用而設計，配備了軸最終傳動和柱塞後懸吊，還有一個附有邊車的XS變體車款。比較少人知道的是美國情報的一項任務，也就是對俄羅斯的摩托車進行拆除和評估。

哈雷大衛森的貢獻不只限於硬體。約翰・E・哈雷後來負責經營零配件部門，於二戰升任少校。在他的各種任務中，最能讓他發揮所長的是在肯塔基州諾克斯堡訓練陸軍的摩托車駕駛。將WLA交給新兵

■右圖：雖然原本是為了在北非的沙漠中使用所打造——因此採用了這種配色，但XA卻因為沙子累積在輪軸承中而嚴重受損。

操縱，肯定將哈雷的才能發揮到了極致。由於手動換檔和腳踏「自殺式」離合器，這款摩托車即便是起步也需要技巧。

從1941年晚期到1945年休戰，朱諾大道工廠幾乎都連夜趕工來滿足軍隊不斷高漲的摩托車需求，同時幾乎所有美國工業都將產能投入戰爭。恰如其分地，哈雷大衛森的特殊貢獻獲得了三枚令人夢寐以求的陸軍海軍「E獎章」，以表彰他們在戰時生產方面的卓越表現。密爾瓦基工廠的工人不一定有辦法上戰場抗敵，但他們肯定有辦法幫助衝鋒陷陣的士兵。

有些人可能會認為哈雷的軍事生涯隨著二戰而結束了，但其實還有兩個令人驚訝的插曲。

第一個是在1987年從英國阿姆斯壯公司購買軍用MT500摩托車的製造權。

第二個是AMF的收購所留下來的事蹟：位於賓州約克的AMF前工廠除了有在組裝哈雷摩托車，它還有一個「副業」是生產炸彈外殼，而且一直持續到1990年代，其中一些可能有用在波斯灣戰爭裡。

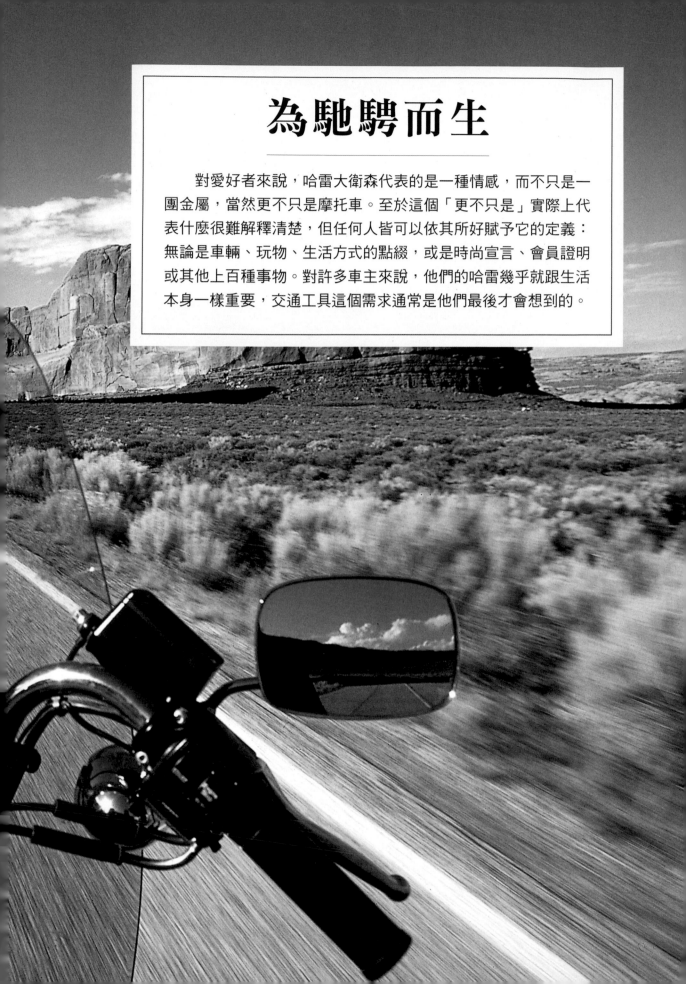

為馳騁而生

對愛好者來說，哈雷大衛森代表的是一種情感，而不只是一團金屬，當然更不只是摩托車。至於這個「更不只是」實際上代表什麼很難解釋清楚，但任何人皆可以依其所好賦予它的定義：無論是車輛、玩物、生活方式的點綴，或是時尚宣言、會員證明或其他上百種事物。對許多車主來說，他們的哈雷幾乎就跟生活本身一樣重要，交通工具這個需求通常是他們最後才會想到的。

風格

哈雷摩托車在美國中西部以鋼鐵鑄造出的形象越過了國境、透過媒體傳播。不論是在曼谷或布魯克林，都能一眼辨識哈雷的身影；不管是在克拉克曼南郡或辛辛納提，皆有廣大的支持者。廣告商瞭解這一點，將哈雷的形象包裝成年輕、自由、叛逆、無拘無束又隨心所欲。在廣告中，無論是汽車、退休金、牛仔褲到盥洗用品，遲早都會出現哈雷大衛森摩托車來營造氣氛。換句話說，哈雷不僅是摩托車——它們也是明星。

這一點能在騎乘哈雷的人身上看見。擁有一輛哈雷的重點不在於追求速度或性能，也不是為了仿效你最喜歡的賽車手或是對朋友炫耀；重點在於展現你的個性、和朋友稱兄道弟、到復古酷炫又刺激的地方、想像當一個現代牛仔，或是你只想擺脫這一切也行。

哈雷大衛森在移動時像是在馳

■上圖：在《逍遙騎士》電影海報中，彼得·方達（Peter Fonda）和丹尼斯·霍柏騎車前往紐奧良。

■左圖：《希德姐妹幫》（Heathers）中的克利斯汀·史萊特（Christian Slater）和哈雷。

騁巡航，它的聲音聽起來是隆隆的聲響，而不是引擎的轉動。你可以在街道上穿梭，沿著海灘前進，或是前往酒吧；如果你想要的話，也能從紐約騎往舊金山。哈雷在長途旅行的表現上也很不錯，這跟它們演進的環境有關——也就是在一片遼闊的土地，路上幾乎不需要轉彎。

■左下圖：彼得·方達在電影中騎過的「美國隊長」和安全帽。

■下圖：「哈雷滾石」，滾石樂團（The Rolling Stones）的粉絲把偶像畫在他的哈雷上。

■右圖：米基‧洛克在
《1996暴力衝鋒隊》
（The Marlboro Man）
中表現得桀驁不馴。

■下圖：到哪都看得到
哈雷。

美麗的人們

有人曾說過：「上帝也騎哈雷」。「搖滾樂之王」艾維斯‧普里斯萊（Elvis Presley）當然也騎過，其他名人車主還包括拳王穆罕默德‧阿里（Muhammad Ali）、巴布‧狄倫（Bob Dylan）、克林‧伊斯威特（Clint Eastwood）、席維斯‧史特龍（Sylvester Stallone）、米基‧洛克（Mickey Rourke）、丹‧艾克洛德（Dan Aykroyd）、邁爾康‧富比士（Malcolm Forbes）、雪兒（Cher）、琥碧‧戈柏（Whoopi Goldberg）等等。現在，好萊塢電影明星除了坐在加長禮車裡，你也可能會看到他們騎著哈雷摩托車出現。明星通常都想要非比尋常的東西，訂製車製造商在訂製摩托車上很容易就能收個4萬美元，並且在過程中也變身為小小的名人。

這種現象早已見怪不怪，尤其是在好萊塢的花花世界。在好萊塢黃金歲月的照片中，包括《亂世佳人》的克拉克‧蓋博（Clark Gable）到瑪琳‧黛德麗（Marlene Dietrich），都騎著哈雷出品的摩托車。有時候照片只是宣傳手法，但就連羅伊‧羅傑斯（Roy Rogers）在沒騎著愛駒「扳機」的時候都騎哈雷。好萊塢甚至曾擁有自己的哈雷團體——三點摩托車俱樂部（Three Point Motorcycle Club）。

哈雷摩托車自己也成了電影明星，尤其是羅伯特‧布萊克（Robert Blake）在《騎警飛車追逐戰》（Electra Glide in Blue）中的坐騎。當然還有丹尼斯‧霍柏主演的賣座大片《逍遙騎士》，霍柏在這部電影中的共演明星彼得‧方達，至今仍是死忠的哈雷車迷。

■上圖：在布魯斯‧
史普林斯汀（Bruce
Springsteen）唱出那
首歌之前，就有了「
美國製造」。

■右圖：在一望無際的
土地上，只有你、你
的哈雷，還有開闊的
道路。

集會：
斯特吉斯

斯特吉斯是位於南達科他州一個不起眼的農業小鎮，一年中的多半時間都風平浪靜，直到八月中旬，這個寂寥冷清的小村莊會掀起一股瘋狂的摩托車熱潮，也就是著名的斯特吉斯集會。

規模巨大的斯特吉斯集會源自於1938年，當時Jackpine吉普賽摩托車俱樂部（Jackpine Gypsies Motorcycle Club）籌辦了第一屆黑丘陵集會和賽車，獲勝者可以得到300美元獎金。從那時起，幾乎每年都有成千上萬的摩托車騎士沿著85和90號州際公路騎行，跟老朋友聚首，或是結交新朋友。距離芝加哥1450公里、離舊金山2410公里，斯特吉斯位在交通便利的美國中部，往往會有非常多人出席。以往的斯特吉斯集會能吸引5萬名死忠粉絲參加，而在1990年的50週年慶，參加人數大約有25到30萬人。

斯特吉斯其實並不是哈雷限定的集會，不過哈雷機車那麼多，你在現場應該也不會注意到。活動會持續一整個星期，除了有跳蚤市場、烤乳豬（不是指摩托車，是真的豬）、在斯特吉斯賽車場舉辦直線加速賽、觀光活動，你還可以一直盯著花俏的哈雷硬體猛瞧，基本上就是度過一段快樂時光。騎士們會在熊丘咖啡館這樣的餐廳話家常，哈雷摩托車將大街擠得水洩不通。如果你需要喘口氣，也有觀光導覽能帶你到附近的惡地國家公園、惡魔塔（出現在電影《第三類接觸》中），或是拉什莫爾山。

■上圖：在斯特吉斯，你不需要穿很多衣服，但是一定要穿對衣服。

■下圖左：通常活動都會持續一整晚。

■下圖右：還有人說所有哈雷車主都是一個樣呢。

■右圖：斯特吉斯也相當歡迎女士。

集會（斯特吉斯集會通常都滿有賺頭的，不過摩托車騎士的人數比小鎮人口多了太多，她們也不得不加入）。摩托車幫派偶爾會惹是生非，尤其是在1982年，但整體來說斯特吉斯還算是相對和平的（但跟平靜相差甚遠）。這些幫派很受到斯特吉斯官員們的歡迎，當他們看到這些幫派時，就知道有生意上門了。

根據Jackpine創辦人，也就是前印地安摩托車經銷商、綽號「派皮」的J・C・霍爾（J.C. "Pappy" Hoel）所說的，這些非法的摩托車幫派從來沒有惹出什麼嚴重的問題：「只要我們不打擾他們，他們就會乖乖配合。」

這裡也曾發生過一些不尋常的怪事。有一年，一位仁兄騎著一隻水牛來到鎮上，在大街上蹓躂後便在交匯大道左轉離開了；又有一年，據說附近的美國空軍基地舉辦了一種很另類的煙火表演，當時有兩架噴射機低空飛過小鎮上方，點燃了後燃器，噪音甚至大過一千具V-twin引擎的聲響。

從聯合長老會到信義會恩惠教會的女性，整個城鎮都加入了這個

主要是因為這個集會為期僅一週，大家知道參與者的行為會有點超過，但通常都是無害的，而且一年才舉辦一次。除此之外，這個活動也帶有傳奇的色彩。

■下圖：斯特吉斯的大街，可以看到這裡禁止汽車通行。

集會：代托納摩托車週

在鼠窩訂製車坊外，大街上迴盪著大缸徑V型引擎改裝排氣管的隆隆聲，身材魁梧的摩托車騎士戴著環繞式墨鏡，他們的啤酒肚、有刺青或沒刺青的臂膀把人行道擠得水洩不通。現在時值三月，有將近20萬名摩托車騎士來到了代托納海灘。

跟斯特吉斯一樣，這是個為期一週的派對，來到這裡的騎士們多半都很友善，就像沙灘飯店的酒吧女侍說的：「摩托車週非常棒，因為大家都很親切，你在其他時候不會看到他們這麼有禮貌。要再來一杯啤酒嗎？」

兇狠騎士？

跟斯特吉斯相同，代托納摩托車週最初並非以慶祝哈雷大衛森為起點，但最後卻不知怎地演變成哈雷專屬的大規模活動。摩托車週在每年三月的春假舉辦，地點在佛羅里達州的沿海城市代托納海灘。活動的重頭戲表面上是在附近代托

■上圖：標語所言不假：「代托納海灘歡迎騎士」。

納國際賽車場（Daytona International Speedway）舉辦的賽事，這是一個壯觀的橢圓形傾斜賽道，著名的代托納NASCAR賽事也在這裡舉辦。

這裡又出現了一個哈雷的謎團，隨著工廠雙缸引擎車款對於參加比賽的興趣越來越低，大家在摩

■上圖左：在代托納，你可以騎車，或看其他人騎車⋯⋯

■上圖右：或者你也可以放輕鬆，跟其他人閒聊。

托車週對於他們的關注卻是急遽增加。哈雷正式的XR750道路賽車最後一次在代托納參賽是在1973年（不過VR1000最近也有來參加過比賽），而且自1969年的卡爾·雷伯恩（Cal Rayborn）之後就再也沒有拿下過勝利。不過這對派對完全沒有半點影響，而且恰好相反——由於不必騎幾公里到賽車場，似乎就能花更多時間在市區玩樂。代托納摩托車週已成為純粹的慶典。

斯特吉斯是個小鎮，理所當然會被摩托車淹沒，而代托納海灘雖然很大，但擁擠的情況卻也差不多。最熱鬧的地方集中在大街通往大西洋的交匯處，摩托車和人潮擠滿了這裡的所有人行道。哈雷大衛森很明智地利用了代托納提供的宣傳機會，接管城裡的希爾頓飯店，

用來展示公司的產品及最新的車款。不過來到代托納的人們通常都會待在街上、酒吧、海灘，以及附近的野營地。

摩托車週有訂製車的展示，還有即興的直線加速賽。在白天，摩托車會沿著代托納的海灘巡航騎行。在當地的四百公尺泥地賽車場會舉辦正式比賽，而在國際賽車場會有重頭戲賽事。也會有跳蚤市場讓愛好者能販賣或尋找摩托車的零件，尤其是在沃盧西亞郡的露天市場。

活動的內容主要是會有很多派對、擺姿勢拍照和騎車巡航。如果你沒辦法忍耐12個月等到下次的代托納摩托車週到來，那你可以在10月來參加哈雷車主俱樂部的「十月摩托車節」（Biketoberfest）。

■上頁左下圖：找找看本田摩托車在哪。

■上頁右下圖：如果你能找到一輛原廠的摩托車，那就歸你所有。

■右圖：如果你沒辦法彩繪你的哈雷，那就彩繪你的衣服⋯⋯

■最右圖：但前提是要有衣服可以彩繪。

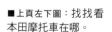

壞男孩

如果向路人提到哈雷大衛森，他們大概會抱怨跟「地獄天使」有關的事。最初的天使幫是由二戰退伍老兵所組成的摩托車幫會，在像是《生活》等雜誌和作家亨特‧S‧湯普森（Hunter S. Thompson）於他的書《地獄天使：非法摩托車幫派奇怪而可怕的傳奇》（*The Hell's Angels: A Strange and Terrible Saga of the Outlaw Motor Cycle Gangs*）介紹過後才引起轟動。幾乎是在一夜之間，天使幫就成為了全世界所有「非法」團體的楷模。

根據許多觀察家所言，這樣的團體會陶醉於他們新得到的名人地位，而且會為了不愧對他們的名聲，比以往更變本加厲和反社會。

■上圖：最初的地獄天使是一群加州的退休老兵，注意到威利‧G也看著鏡頭，從左邊數來第三位。

不可避免地，一般摩托車騎士，尤其是哈雷大衛森的車主，都同樣被視為一丘之貉。有些偏見無法擺脫，但是過往惡名昭彰的負面摩托車騎士形象大部分都已經消失了。在美國，哈雷車主的年紀都慢慢增長、變得更富裕、教育程度也越來越高。在1984年，哈雷顧客的平均年齡是34歲，現在已經接近40歲了，其中幾乎有三分之一受過大學教育。確實，現代的刻板印象更多是富裕的專業人士在城市中更為時尚的街道上巡航，而不是以往污穢不堪的法外之徒。

如今，哈雷是律師、市長和銀

■最左圖：最初的天使幫的模仿者已經擴及到遠至紐西蘭……

■左圖：還有德國。

■右圖：雖然「地獄天使」已經是老生常談了，但另一個著名的附屬摩托車幫派叫做撒旦奴隸（Satan's Slaves）。

行家週末的坐騎：體面、優越。這一切都符合摩托車製造商的利益，對少數群體來說，除了會對其他人造成負面觀感之外，購買的數量也必然是少數。HOG（工廠贊助的哈雷車主俱樂部）的其中一個次要目的是拓展品牌的吸引力和名望，這能讓所有摩托車製造商從中獲益。

地獄天使和其他所謂的「不法之徒」團體存活了下來，他們的行動偶爾會登上頭條。也許其中最臭名昭著的事件發生在1990年代早期，敵對加拿大幫派之間發生了包括砍殺、炸彈與槍擊的械鬥，過程大約造成40人死亡，不過在一位無辜的旁觀者變成受害者時，才引來了警方的密切關注。1970年代晚期，澳洲的某座超市停車場也發生了敵對幫派的交火事件。近期，丹麥長期對立的天使幫和墨西哥土匪幫（Bandidos），為了爭取毒品市場的掌控權，爆發了多起謀殺案，甚至還有反坦克飛彈的攻擊事件。犯罪活動（尤其是銷贓）以及後來的生產及販賣硬毒品一直都是某些不法幫派的收入來源，這種幫派也跟新納粹活動有所牽扯，尤其是在歐洲。就連聯邦調查局都對他們表現出了極大的興趣，而且肯定不是因為這些探員天生就熱愛摩托

■右圖：「許多人受到召喚……少數人被選上」，而且在乎的人又更少了。

■最右圖：有時又稱作「1%者」，雖然這位天使幫老將難以苟同。

惡名昭彰的一天

美國摩托車史上，其中一件最臭名昭著的事件就是發生在1947年所謂的「霍利斯特暴動」。該事件的時空背景是二戰之後舉辦的第一場霍利斯特陣亡將士紀念日賽車，旨在關注最近退役的騎士大兵。跟現在的曼島旅行者盃「TT賽」（Isle of Man Tourist Trophy）相同，這個加州小鎮張開雙臂歡迎這個能帶來商機和繁榮的賽事。

有上千人為了比賽前來，包括許多摩托車俱樂部，像是來自洛杉磯和舊金山的「豪飲戰士」（Boozefighters）。大街上人山人海，像是「擠滿的沙丁魚」，而且喧鬧不堪。媒體大喜，《舊金山紀事報》（San Francisco Chronicle）出現了這樣的呼喊：「暴動……摩托車騎士佔領小鎮」和「霍利斯特的浩劫」，而其他報章雜誌也跟著群起效尤。六年後，這些「暴動」將在馬龍·白蘭度和李·馬文（Lee Marvin）主演的電影《飛車黨》中受到紀念。在這部片中，白蘭度憤怒且活靈活現地扮演了強尼，當被問到他在反抗什麼時，他答道：「你說呢？」，成為好萊塢最令人難忘的台詞之一。雖然哈雷大衛森在這部電影中扮演了重要角色，但白蘭度其實是騎著凱旋摩托車。儘管如此，美國摩托車協會依然覺得有必要在電影上映時派出糾察隊。

電影描繪虛構事件是一回事，當代的媒體採取相同舉動時又是另一回事。事實上霍利斯特暴動大部分都是捏造的。有些人因為喝得酩酊大醉而被逮捕，但絕對稱不上是暴動。當地的旅館業者凱瑟琳·達伯（Catherine Dabo）後來接受記者馬克·嘉迪納（Mark Gardiner）的訪問時表示：「在我看到舊金山的報紙前，我甚至不知道有發生什麼事。」

其他霍利斯特居民也同樣感到困惑，「情況的確很混亂，但沒有什麼實質損壞的確切證據。」美國空軍的軍人，哈利·希爾（Harry Hill）如此答道。

「我帶著我的兩個女兒一起參加活動……我從來沒想到要擔心她們的安危」，當地的藥師瑪麗露·威廉斯（Marylou Williams）如此回想著。

最後，也許更中肯的評論是由一位汽車技師伯特·蘭寧（Bert Lanning）所說的：「可能有些人就是不喜歡摩托車吧。」

根據一位目擊證人，電影放映師古斯·德瑟帕（Gus Deserpa）所言，《生活》雜誌的一張喝醉的摩托車騎士坐在他的哈雷上，被酒瓶所圍繞的照片是假的。那個騎士的確喝醉了，但那輛摩托車根本不是他的，而且那些酒瓶是為了「加強」照片的效果而被蒐集過來。

沒錯，霍利斯特事件確實是一個惡名昭彰的週末：對媒體來說。

車。這些自稱「1%者」的幫派分子多半活在哈雷大衛森文化及一般摩托車界的邊緣。諷刺的是，哈雷車主俱樂部有許多事物——其徽章衣飾、顏色與地方「分會」的組成——都與非法幫派分子的行事風格相互呼應。大鬍子、徽章和皮衣已經是許多一般哈雷騎士的標準打扮，但是外在裝扮並無法透露出人的本質。有時候一般路人根本很難看出箇中的差異，但也許哈雷騎士就喜歡這樣。

■左圖：這些傢伙大概在討論刺繡裝飾。

哈雷與大眾

哈雷大衛森在滿足顧客的利益方面有悠久而富有想像力的傳統。早在1916年，朱諾大道工廠就開始編寫自己的雜誌《發燒友》（The Enthusiast），來加強哈雷車主對於車主身分和夥伴情誼的驕傲，並且幫助銷售。在三年內，這本售價五分錢的雜誌，銷量已經突破了5萬本。他們在1912年發行了一本貿易類別的雜誌《經銷商新聞》（Dealer News），而隔年也曾短暫發行過西班牙語的手冊及目錄《拉美發燒友》（Los Entusiastas Latinos）。

　　在1930年代大蕭條那段黑暗的日子裡，哈雷的「獎章系統」誕生了，旨在給予推銷出摩托車的哈雷車主獎勵。1951年1月時推出了哈雷大衛森里程俱樂部（Harley-Davidson Mileage Club），對騎乘的成就給予肯定。讓顧客參與的同一個概念以及某種程度的破釜沉舟，促成了哈雷車主俱樂部（HOG）的創立，時間為1983年。

　　現今，哈雷車主俱樂部由副總裁比爾管理。在工廠的指導和贊助下，世界各地許多哈雷經銷商現在都有經營車主俱樂部，他們會安排各式各樣的活動，像是烤乳豬、騎摩托車、舞會及慈善活動。

　　在哈雷車主俱樂部創立之後，單純地賣摩托車給顧客已經不夠了——經銷商還要能夠提供一種生活方式。這是有先見之明且精明的

■上圖：多年的努力和創造力讓哈雷車主俱樂部變成其他製造商嫉妒的對象。

■下圖：你需要長袖上衣才能當一個終生的哈雷車主俱樂部愛好者。

一步，HOG在其他製造商注意到之前，就已經預料到了摩托車發展的方向。哈雷車主俱樂部目前在世界各地超過1000個當地分會中，擁有超過45萬名會員，甚至還有自己的網站（www.hog.com）。在夏季的幾乎每個週末，俱樂部都會在美國舉辦六場集會——還包括遠至突尼斯、達爾文或阿根廷的其他集會。就像摩托車本身，哈雷車主俱樂部常被模仿，但永遠無法被複製。

　　如果這將公司描繪成只在乎盈虧的狀況，那麼另一個事實是哈雷的許多員工包括各個階層，都是非常忠誠的摩托車騎士。哈雷會極力捍衛自身的利益，但也追求對顧客的瞭解。正如公司官方政策聲明所表示的：「讓人們購買你的產品是一回事，但讓他們把品牌名稱刺在身上又是另一回事。」讓哈雷屹立不搖的正是這樣的情操。

巡航

在世界各地，也許都有人購買、愛護，擁有自己的哈雷摩托車，但每位哈雷車主一定都幻想過能騎著一輛哈雷橫越美國土地。史詩般的美國之旅幾乎是每一位哈雷車主的夢想：轟隆隆地穿越開闊的中西部草原，或是猶他州及西南部炙熱的沙漠；越過洛磯山脈，或是從加州的一號濱海公路往下滑行。沒有其他地方更適合哈雷摩托車了。

　　哈雷摩托車之所以能完美融入美國，是因為它們屬於美國的人文景觀一部分。在美國，哈雷能讓人們打開大門、開始閒聊交談、讓經過的人們露出微笑，但最棒的是哈雷摩托車在美國西部壯麗景致中飛馳的模樣。

巡航

從Electra Glide或Low Rider的鞍座上，美國的風貌以一種剛剛好的速度讓你沉浸在其中；地平線有高低

■上圖：本書作者在猶他州的95號公路朝北邊前進，在他身後的是科羅拉多河。

■左圖：夢想成真：一個哈雷旅行團騎車穿越下加利福尼亞。

■下頁左圖：哈雷摩托車最擅長的是在美國西南部朝著遠方的地平線前進。

■下頁右圖：在美國猶他州，一輛Fat Boy在錫安國家公園高聳懸崖下的彎道蜿蜒前進。

■左圖：一群德國騎士騎著租來的哈雷摩托車，行駛於亞利桑那州和猶他州交界處的紀念碑谷。

觀又不同的景致：拱門國家公園、峽谷地國家公園、布萊斯峽谷國家公園、圓頂礁國家公園，以及美不勝收的錫安國家公園，其他就不一一列舉。猶他州的隔壁是亞利桑那州、大峽谷、科羅拉多州、洛磯山脈、內華達州一望無際的高原盆地沙漠，以及新墨西哥州的紅色岩石與白色沙漠。

起伏，像輕柔的浪潮滾滾而來，並在你的車輪底下緩緩地退去。跟在歐洲騎行相比，這裡需要一種不同的節奏——更放鬆，盡量不去注意目的地。隨著摩托車經過丘陵和平原，慵懶的大V-twin引擎似乎能適應融入環境，這是其他摩托車所辦不到的。然後一陣顛簸，你就來到了像猶他州這樣的地方，欣賞著美國最非凡壯麗的風景。

　　猶他州是個猶如大自然之母受到幻覺影響所創造出來的作品。這裡有許多國家公園，各自都擁有壯

■左圖：一群哈雷騎士正在進行一場傳統的騎行活動，要從斯特吉斯集會騎往南達科他州的惡魔塔。

■下圖：下加利福尼亞，位於遠方的是科提茲海，還有什麼更棒的方式能享受這一切呢？

從迷人又神祕的莫亞布，走191號公路很快就能到達峽谷地國家公園。左轉之後就讓哈雷轟隆隆地駛上無盡的坡道，直到道路突然間停止、世界瞬間消失不見。取而代之的是一片有如阿爾卑斯山一望無際的空曠。在下方800公尺處，科羅拉多河的奔湧悄然無聲，四周被岩石構成的世外桃源所圍繞。如果這都是真的，可能會令人肅然起敬。而你可能得花上一陣子才能理解這一切都是真實存在的。

■下圖：在陰影下的溫度是攝氏42度，而且這裡還沒有遮蔽處，這時候一定很適合來杯冰啤酒。

還沒完呢，猶他州總是有更多奇景：謝弗峽谷、大觀景點，然後是所有景點中最壯觀的——「天空之島」的綠河眺望點。從這裡開始，西邊的地平線大概在160公里之外，大概等於倫敦到布里斯托

的距離。而大概在柏克夏的所在地是蘇打泉盆地炎熱的荒野，斯提沃特峽谷貫穿其中，劃出一條看似迷你，卻足足有300公尺深的溝渠。如果不是因為雲的影子彷彿對地貌感到驚嘆似地緩緩飄過，這幅景象看起來可能就像月球的陰暗面。

■左圖：死馬點州立公園在莫亞布附近，是令人目眩神迷的猶他州另一個優美壯麗的景點。

如果說地形景觀變化莫測，那麼其規模更是驚人無比。走41號公路，登上蒙特祖瑪溪北方的高地，320公里以內的景色瞬間映入眼簾。在120公里外的亞利桑那，紀念碑谷橘色的尖頂守護著西邊的地平線；在東方，積雪蓋頂的科羅拉多洛磯山脈在整整200公里之外。這幅光景遠遠大於歐洲的許多國家，但它只是一個單一且一望無際的風景——或者說是騎著哈雷大衛森的全景一日遊。對於美國偉大、有如神話般的曠野來說，沒有比坐在密爾瓦基工廠生產的哈雷V-twin摩托車座椅上，更能細細體會這一切，甚至更多了。

■下圖：這個男人移民到美國，只為了能騎著哈雷，馳騁在開闊的道路上。

獨一無二的量身訂製

　　第一輛訂製的哈雷大衛森並沒有留下紀錄，但歷史肯定幾乎跟公司本身一樣悠久。車主想要「改進」摩托車是基於摩托車的本質——不是因為車輛在出廠時發生了什麼問題，而是為了增加額外的性格。

　　多年來，這種「額外的改裝」從一種趨勢變成了一種狂熱，最後變成了一種現象。現在你很難找到一輛完全沒有變更密爾瓦基原始設計的哈雷摩托車。確實，從後續大量的訂製作業來看，哈雷在出廠時肯定不能說是完成品。公司並沒有因為這種輕視而氣餒，反倒積極鼓勵大家改裝。哈雷大衛森製作了三本充滿官方「好貨」的目錄絕非巧合，而摩托車本身只有一本目錄。訂製哈雷的文化正在蓬勃發展。

訂製哈雷摩托車

■下圖：鮑伯·羅（Bob Lowe）的訂製作品「邪惡分身」（Evil Twin）。

現今的訂製哈雷有各種可能性，像是Sportster，只配備了重要基礎零件；或是Glide車款，上面搭載了幾乎等同一輛豪華露營車上會有的配件。也許在非常早期，改變都是功能取向：一個化油器比另一個好用、這個擋泥板比另一個更能讓你保持乾淨。再加上，美國人幾乎是在發現馬力的存在時就愛上了它，因此引擎調整成為一個迅速興起的行業：幾乎每個州都有人願意賣你高揚程凸輪軸、高壓縮活塞，或是任何能讓引擎效能能提升的好東西。特別是在賽車領域，許多調整技師因為能汲取引擎更多動力的高超技藝而成為傳奇人物。

後來出現了放肆的造型「調整」。與其他任何廠牌的摩托車相比，哈雷大衛森的訂製是一個很奇特的循環過程。最先出現的哈雷大衛森，車主要麼接受摩托車的原樣，要麼根據自己的品味調整摩托車。有許多這樣的創作都有極為強烈的吸引力，而在密爾瓦基基地的

■上圖：毫不意外地，這輛摩托車名叫「全金屬被甲」（Full Metal Jacket）。

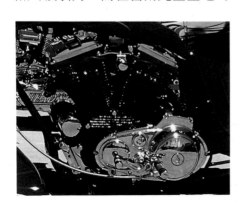

■左圖：這種程度的細節可能要好幾個月才能做到。

人們並沒有忽視這一點。最初作為車主一次性產品的造型創意回饋到了朱諾大道設計點子的大熔爐中。最終，隨著同樣的創意體現於標準的「原廠客製」摩托車上時，兜了一圈又回到了原點。這個情況從1970年的FX1200 Super Glide開始，不過當時的訂製改裝界對於FX把他們的工作搶走而感到不悅。我們別忘了，現在是哈雷車系不可或缺一角的Buell摩托車，最初就是特製車款。

就圖案與烤漆而言，靈感可以追溯至更早期，也就是公司在1930

■上圖：訂製可以是三輪車款……

■上圖右：或是設計師頹廢風格！

年代的艱困時期，試圖刺激摩托車銷量而發展出的裝飾藝術設計。當時，哈雷已經在推銷售後市場的零件，像是後照鏡和後車架，但大多是功能取向，而非裝飾目的。真正的訂製風潮在1950年代於加州興起，以像是凡達馳（Von Dutch）和艾德‧羅斯（Ed Roth）這些品牌和人物最為出名。通常來說，1930年代的裝飾藝術是他們創造「混合」摩托車的靈感來源——擷取不同車款的零件和一次性的組件來打造摩托車。現在，風格的線索有時是來自過去的哈雷大衛森，正如「復古科技」所呈現的概念。今日的哈雷廣告手冊會提到1950年代的摩托

車啟發了幾種Softail的車款，至於Springer的外型更像是1940年代摩托車的後代。

而1960和1970年代，當然是美式手工車的鼎盛時期，特色有長到驚人的前叉、前輪轉向角度有限、操作性不佳。如今，訂製商和騎士都在尋找比摩托車更實用，或是更具藝術性的東西——像是訂製大師亞倫‧尼斯（Arlen Ness）的作品。其他著名的訂製藝術家包括戴夫‧佩瑞維茲（Dave Perewitz）、瑞奇‧巴蒂斯丁尼（Ricki Battistini）和唐尼‧史密斯（Donnie Smith），但幾乎任何擁有哈雷的車主都能以自己小小的改裝加入這個圈子

■右圖：威風凜凜，沒錯，但如果你想追求離地高度和後懸吊，那這可能就不適合你。

113

■右圖：有時候實用性完全比不上引人注目的效果。

哈雷大衛森很樂意推動機械和外觀上的改變，主要是透過「Screamin' Eagle」的配件系列，他們默認即使是新的1450cc Twin Cam引擎也能透過工廠的套件提升效能，將排氣量增加至巨大的1550cc。其他供應商，像是加州的訂製鉻件公司（Custom Chrome），則為哈雷訂製提供了成長的養分。

亞倫・尼斯

在所有哈雷特製製造商中，最受尊崇的就是亞倫・尼斯。他是一位瘦小、滿頭灰髮的加州人，他並不是訂製哈雷，而是把哈雷變成有輪子的藝術作品。跟訂製領域的許多人一樣，亞倫・尼斯的興趣始於一種嗜好，隨著人們注意到他的創作，並哀求他為他們製作同樣非凡的創作而不斷增長。

從1967年以300美元買下的1937年Knucklehead車款開始，亞倫・尼斯現在一手包辦設計和製造。從最迷你、最細膩的鍍鉻細節，到他自己的頂置凸輪軸「哈雷」雙缸引擎，為閃閃發光的「光之尼斯」提供動力。他解釋：「我

一開始是在我的車庫裡幫摩托車上漆，但是來拜訪的人太多了，我無法完成任何工作，所以我最後租了一間小店。這樣大家就可以去那裡，我白天就能在家裡工作，晚上再去開店。」

從烤漆工作和訂製把手開始，他目前在舊金山灣區一棟6500平方公尺的建築中經營一個龐大的郵購企業。其實他每年僅製作少量的特製摩托車，價格從2萬5000到5萬美元不等，但拒絕的顧客遠比承接的多出許多。有時單純是因為工作壓力，有時是因為審美觀不同。

「我們拒絕了很多人，是因為

■上圖：像這樣的「美式手工車」在美國已經過時了，但在歐洲某些地方還看得到。

■下圖：密爾瓦基工廠有時候一定會覺得何必那麼認真。

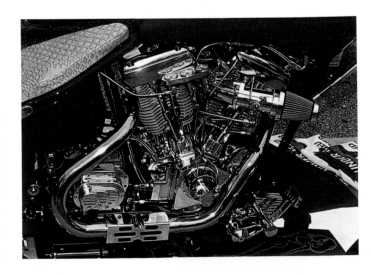

■左圖：（由前到後）光之尼斯、古董尼斯和流線尼斯，三輛亞倫‧尼斯最著名的創作。

■下圖：亞倫‧尼斯（左）和美式手工車俱樂部的會長漢克。

我們不喜歡他們想要的風格，或是我們覺得他們不會真正滿意……還有一些似乎沒辦法下定決心的顧客，」他解釋道。

「打造摩托車能賺的錢不多，我這麼做只是為了樂趣。」又或者亞倫只是討厭閒閒沒「斯」做。

尼斯的創作

銀色摩托車「光之尼斯」是由尼斯100英寸（1639cc）的頂置凸輪軸「輕型」引擎提供動力，引擎本身裝在一個特製的鋁製引擎架裡。延續相同的主題，油箱、擋泥板、消音器以及大多組件都是拋光過的鋁件，亞倫估計其價格大約是4萬美元。

黃色的「古董尼斯」是尼斯第一輛配備邊車的車款。以1200cc的哈雷Sportster引擎為基礎，由亞倫和美國訂製商蒙恩和吉米‧羅斯（Mun and Jimmy Rose）共同花了九個月的時間為尼斯的妻子貝芙所打造。其線條風格（如果不是顏色的

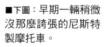

■下圖：早期一輛稍微沒那麼誇張的尼斯特製摩托車。

話）沿用自哈雷1920年代的車款。類似的摩托車套件能夠以2萬7000美元的價格買到。

在某些人眼中，「流線尼斯」看起來雖然像是半輛1959年的凱迪拉克（Cadillac），但它的靈感其實是來自經典布加迪（Bugatti）汽車優雅的流線型線條。全鋁製的車身搭載了使用橡膠減振座的哈雷「Evo」V-twin引擎，並使用Softail車款的原型車架，耗時一年打造，價值約10萬美元。

競技場上的哈雷

　　雖然人們通常不會自動把哈雷大衛森跟白熱化的競賽聯想在一起，但他們依舊遵循著一個美國根深蒂固的傳統，也就是任何有輪子的東西都能拿來比賽。哈雷第一次參加賽車可能要追溯至1904年，而早在1905年，佩瑞·麥克（Perry Mack，可能是公司第一位員工）就在密爾瓦基當地的賽車場創下了速度紀錄。根據紀錄，「工廠」第一次在真正的競賽中獲勝發生在1908年，駕駛人就是華特·大衛森。

　　公司總裁後來便不再參賽，但哈雷大衛森自此之後在柏油路面、泥地、板道、冰上、草地等各式各樣的賽道上獲得勝利。這個成功多半來自美國泥地賽車的驚人賽場，也就是時速210公里的賽車跑道，16名賽車手在廣大的場地中激烈競爭，爭取數毫米的領先距離。在世界摩托車錦標賽方面，哈雷與義大利Aermacchi之間的合作讓華特·維拉在1974至1976年間帶回了四座世界冠軍。工廠最近持續努力，想在世界超級摩托車賽事中取得競爭力，靠得是AMA的頭號賽車手：克里斯·卡爾（Chris Carr）、湯馬斯·威爾森（Thomas Wilson）以及他們騎乘的雙缸引擎VR1000，更近期則是世界超級摩托車錦標賽前任冠軍史考特·羅素（Scott Russell）。

競速

哈雷大衛森早年的賽車勝利多到不可勝數。最早的紀錄出現於1908年,公司總裁華特・大衛森駕駛著首批V-twin引擎車款,於紐約卡茨基爾山脈舉行的美國摩托車騎士聯盟(Federation of American Motorcyclists／FAM)第七屆年度耐力賽中獲勝。587公里的崎嶇賽道令人望而生畏,但華特後來說道:「我太有自信了,導致我完全沒帶額外的零件。」這與其他幾家製造商形成強烈對比,大家都帶了一整車的備用零件供摩托車更換。

在同年七月,芝加哥摩托車俱樂部在附近的伊利諾州阿岡昆舉辦了一場爬坡賽,當天的最快紀錄是由騎著哈雷的哈維・伯納德(Harvey Bernard)所創下。奇怪的是,當時的照片清楚顯示伯納德騎的是一輛V-twin引擎摩托車,但該車款要到隔年早期才正式推出。

隨後幾年,哈雷摩托車在賽場上取得許多類似的勝利,但幾乎都是以個人名義出賽。1911年9月的一則公司廣告吹噓道:「我們不相信賽車,我們也沒有經常參賽,但是當哈雷大衛森車主在工廠數百公里之外,以自己的原廠摩托車贏得勝利時,我們也沒辦法不感到光榮。」

這段自豪的言論在1912年的聖荷西道路賽中得到清楚的驗證。在這場比賽中,一輛61英寸(989cc)的Model X8E以領先27公里的距離輕鬆獲勝。同年,哈雷的雙缸引擎車款在貝克斯非拿下勝利,隔年又在從哈立斯堡至賓州來

■上圖:1912年,哈雷大衛森於洛杉磯參加板道賽車。

■左圖:哈雷從一開始就在賽車領域取得了重大成功。

回的362公里競速賽中拿下了前三名，但這些成績都是私人擁有的摩托車在相對來說默默無聞的比賽中所得到的。

1914年，也就是在印地安贏得頗具聲望的曼島TT賽的四年後，哈雷公司也不可避免地加入競賽的行列。比爾・哈雷創立了工程競賽部門，將他們的獲勝之路延續到了1970年代。某些報導提到哈雷在當年的道奇城480公里競賽中立即取得了成功，但實際上哈雷只有兩輛摩托車完賽，在這場由印地安主宰的賽局中遠遠落後。顯然，身經百戰的春田雙缸八氣門引擎是個可敬的敵人，但在比爾・哈雷與奧塔維的指導下，哈雷進步神速。到了1915年，哈雷大衛森的雙缸引擎已經成了大家的假想敵。從培訓工廠賽車手到生產賽車的過程簡單又合

■上圖：一輛1920年代的傳奇「Peashooter」賽車，這輛是特別為爬坡賽事所準備的。

■下圖右：1920年的一輛板道賽車。

乎邏輯。到了1916年，任何志在得勝的賽車手只要花250美元，就能買到一輛特製的精簡版雙缸哈雷，能輸出11馬力，還能跑出時速120公里。

除了速度，哈雷摩托車也在同一時期追求了許多項耐力紀錄。1917年，艾倫・貝戴爾（Alan Bedell）駕駛的哈雷在阿斯科特賽車場不停歇地跑了1610公里的距離，花費將近21小時，平均時速來到驚人的77.7公里。

在同一年，另一輛配備了邊車的哈雷車款也創下類似的紀錄。

賽車領導人

一個了不起的事實是，從哈雷大衛森終於正式開始參加比賽後，在數十年間的競賽只需要三位車隊經理——威廉・奧塔維（比爾）、漢克・西弗森（Hank Syvertson）和迪克・歐布萊恩（Dick O'Brien），而他們也都成為了傳奇。

工廠車隊早期的成功是受到比爾・奧塔維冷靜的目光所監督。奧塔維被威廉・大衛森形容成一位巫師，他的職業生涯始於一間摩托車引擎專門製造商Thor，在1913年才來到朱諾大道工廠。他是一位才華洋溢的工程師和精明的經理，他見證了工廠車隊的發展及成長，直到

1920年代的輝煌歲月，後來才由漢克・西弗森接任賽車總監。

迪克・歐布萊恩從佛羅里達州奧蘭多市的普奇特經銷店展開了他在哈雷引擎上的終身職業。除了在二戰期間以高級飛機技師的身分服役過一段時間外，他繼續擔任哈雷維修坊的店經理，而且在調整比賽摩托車方面擁有特殊的天分——畢竟代托納賽車場離那裡只有幾小時路程。他在1957年6月加入工廠車隊，擔任西弗森的助手。三個月後，西弗森退休，歐布萊恩接掌兵符，直到1983年退休。

■上圖：無敵小隊1920年於道奇城合影，左起：賽車經理比爾‧奧塔維、馬德溫‧瓊斯（Maldwyn Jones）、勞夫‧赫本、佛瑞德‧盧德洛（Fred Ludlow）、奧圖‧沃克、雷‧魏沙爾（Ray Weishaar）、吉姆‧戴維斯和技師漢克‧西弗森。

無敵小隊

在蒸蒸日上的1920年代，哈雷大衛森在競賽中取得的功績甚至比公司盛大推出的許多新車款更引人注目。1920年，一輛哈雷摩托車在加州3050公尺高的「禿頭山」爬坡賽中，成為第一輛登上山頂的動力車；1921年2月在夫雷士諾，哈雷成為第一輛以平均時速超過160公里贏得比賽的摩托車。

在工廠車隊數不清的成功中，大多數要歸功於傳奇的哈雷大衛森「無敵小隊」（Wrecking Crew）。在第一次世界大戰前，不論是美國的泥地或板道賽事，這個車隊幾乎是所向無敵的，直到1920年經濟衰退，工廠才短暫退出摩托車賽事。板道賽車的場地是由原木搭建的橢圓形傾斜賽道，具有獨一無二且非常壯觀的美國特色。

車隊的成員各個都充滿活力：艾迪‧布林克（Eddie Brinck）、奧圖‧沃克、吉姆‧戴維斯（Jim Davis）、「紅頭」萊斯利‧帕克赫斯特（Leslie "Red" Parkhurst）等等。在加州聖華金舉辦的一場80公里賽事中，沃克騎乘61立方英寸（989cc）的八氣門引擎摩托車，

以163.23公里的驚人平均時速贏得了比賽，為工廠的退出劃下句點。車隊從1920年一開始，就在美國最快賽道的阿斯科特100英里（160.93公里）賽事中得到前四名。在2月，哈雷創下了23項紀錄，其中包括帕克在1公里、1英里——通過這兩處的時速都超過103英里（165公里）——2英里和5英里處的4項紀錄。

這些隊員在比賽時只戴著布帽、身穿運動衫和馬褲，他們是堅強的小英雄，跟後來培養出的明星如卡爾‧雷伯恩、傑伊‧史普林斯汀（Jay Springsteen）和史考特‧帕克（Scott Parker）根本是如出一轍。賽車的生活艱辛又殘酷，艾迪‧布林克就於麻州春田的一場賽事中因爆胎而喪生。

隨著美國道路系統逐漸發展，人們自然會在道路上創造出某種形式的競賽。早在1920年，哈普‧施勒便騎著一輛Sport Twin（584cc的水平對臥引擎）在48小時內從丹佛抵達芝加哥，即使在現代也不是一

■右圖：史考特‧帕克為AMA史上最成功的泥地賽車手。

■上圖：1972年，傳奇人物卡爾·雷伯恩於布蘭茲哈奇賽道（Brands Hatch）騎著XR750。

件容易的事。同時，沃特·哈德菲爾（Walter Hadfield）開始經常刷新「三旗騎行」（Three Flags Run）從加拿大溫哥華到墨西哥提華納的紀錄。後來佛瑞德·迪利（Fred Deeley）在這條路線上平均能騎出每公升燃油跑36公里的表現。也許最令人佩服的是了不起的厄爾·哈德菲爾，他在不到78小時內，於紐約和洛杉磯之間騎了超過4800多公里。大約在同一時期，不朽的溫迪·林德史壯（Windy Lindstrom）成為了美國蓬勃發展的爬坡賽事之王，他騎的是經過特殊改裝的哈雷摩托車。

哈雷的勝利完全不侷限於美國，他們在遠至斯堪地那維亞和澳洲找到了積極取勝的駕駛員，在像是冰上賽道和草地賽道等不同領域取得了成功。在英國薩里著名的布魯克蘭茲傾斜賽道上，道格·大衛森（Doug Davidson，與哈雷大衛森無親屬關係）騎著一輛工廠1000cc的ioe雙缸引擎車款，以最高速度行駛1公里，平均時速達到破紀錄的162.15公里。在幾個月內，克勞德·坦普爾（Claude Temple）騎著類似的摩托車，在一小時騎行距

離、五英里時間紀錄、最高速度行駛一英里和一公里的平均時速都創下了紀錄。

然而，與敏捷的英國人佛萊迪·迪克森（Freddy Dixon）相比，以上的那些努力似乎都相形見絀，他的摩托車是特製的雙缸引擎，有四個排氣管和八個頂置氣門。在各種賽事中，包括爬坡賽與可怕的布魯克蘭茲賽道長距離賽事，迪克森幾乎所向無敵。1923年9月9日，在巴黎附近的阿帕戎的賽道，迪克森跑出時速171.8公里，創下新的世界速度紀錄（哈雷大衛森直到1970年才突破這個紀錄）；十個月後，他再次嘗試，在克立普斯東極速挑戰賽中，以103.44英里（166.47公里）的時速飆過半英里的距離；1925年，他以平均時速161公里贏得了布魯克蘭茲1000cc賽事的冠軍——這可能是有史以來最吵鬧的勝利，因為那輛摩托車沒有排氣管。

■下圖：傑伊·史普林斯汀是20世紀早期的無敵小隊冠軍血統中的其中一員。

■左圖：喬‧彼得拉利就是騎著這輛Knucklehead流線型賽車，於佛羅里達州代托納海灘創下速度紀錄。

喬‧彼得拉利

在1920年代晚期和整個1930年代，哈雷變成一股無敵的勢力，這也許全都要歸功於喬‧彼得拉利。他於1904年誕生於加州沙加緬度，在13歲得到了第一輛摩托車，並在16歲時參加了板道賽事並獲勝。1925年，彼得拉利沒騎著摩托車就來到賓州的阿爾圖納，他在這裡一舉成名。對他來說，幸運的是無敵小隊的前隊員勞夫‧赫本（Ralph Hepburn）摔斷了一隻手，彼得拉利接管了哈雷大衛森工廠車隊，而他在當時幾乎是默默無名。

在不到一小時後，彼得拉利就成為傳奇了。他在阿爾圖納閃電般迅速的100英里（160.93公里）板道賽事中，跑出100.32英里（161.45公里）的平均時速，把賽場上所有身經百戰的專業車手們甩在後頭。當天稍早，吉姆‧戴維斯以超過110英里（177公里）的時速贏得了5英里「衝刺」賽。從那時起，就沒有人能阻止喬‧彼得拉利了。他完全宰制了賽車場，以至於十多年來，其餘的賽車手實際上都在爭奪第二名。1935年，他贏得了全國賽季的所有單人項目賽事，包括在紐約雪城的單日五場勝利。1937年，他駕駛著Knucklehead流線型賽車，在代托納海灘的沙地上以136.183英里（219.159公里）的時速通過計時終點線，這個紀錄至今依然沒被打破。

密西根州的男子漢

密西根州夫林特一定是個很了不起的地方。傑伊‧史普林斯汀就來自夫林特，雪佛蘭汽車也是在這裡發跡。在這裡出生的還有史考特‧帕克，以及「黑心」巴特‧馬凱爾（"Black" Bart Markel）。

在他於1957年開始、跨越了23年的泥地賽職業生涯中，馬凱爾是最早的密西根男子漢。他曾贏得了

■下圖：史考特‧帕克在德馬爾賽車場騎著XR750飛快前進。

三屆全國冠軍，不過受到大家注目的主要是他的個人風格。馬凱爾會翻越護欄、乾草堆和其他摩托車，不顧一切地只要能第一個通過終點線，當一些老朋友回想起時這些回憶時仍會感到驚嘆不已。

跟其他人一樣，他參加了柏油路和泥地賽事，才得到那些冠軍。根據哈雷賽車經理迪克・歐布萊恩

■上圖左：史考特・帕克（左）和傑伊・史普林斯汀（右），兩人都出身於夫林特。

■上圖右：在1950年代，搭載Flathead引擎的KRTT需要有排氣量的優勢才能與歐洲車的ohv雙缸引擎抗衡。

的說法，他摔車過很多次，原因很簡單，「他拒絕在轉彎時減速」。他的做法是把摩托車打橫，用滑行的方式過彎——或是滑倒。

在過去十年，又或許是一直以來，帕克始終是橢圓賽場上的「真漢子」，拿到冠軍許多次，打破各種紀錄。就像他的好兄弟傑伊・史普林斯汀，同樣出身於密西根州夫林特。

帕克於1962年出生，六歲時開始騎車，十三歲開始參加比賽。他在1988年首次奪下第一名，並在哈雷大衛森隊友克里斯・卡爾於1992年奪冠前成功四連霸。1993年由瑞奇・葛拉漢（Ricky Graham）拔得頭籌，但從那時之後，帕克強勢反彈，連續五屆勇奪冠軍。他的九冠讓他成為AMA泥地賽事史上最成功的賽車手。

打破牆壁幫

在經濟大蕭條的1930年代，人們為了賺錢什麼事都願意做。如果說伊佛・克尼佛（Evel Knievel）點亮了1970年代，那麼在1930年代綻放光芒的，則是一群可以稱作「打破牆壁幫」的亡命之徒。這些人不是《虎豹小霸王》（Butch Cassidy and the Sundance Kid）裡的主角，而是一群瘋子。他們相信如果你讓一輛摩托車以夠快的速度撞上一堵堅固的木牆，就能俐落地撞出一個洞。第一次有哈雷摩托車嘗試這個特技的紀錄發生在1932年的德州，當時戴西・梅・亨德里奇（Daisy May Hendrich）反覆撞擊，撞穿了一道2.5公分厚的木板（順帶一提，戴西・梅是一位男性）。後來俄亥俄州伍斯特的J・R・布魯斯（J.R. Bruce）讓特技更上一層樓，先點火讓牆燃燒再撞破。不管有沒有點火，牆壁特技在1930年代的郡市集都是很常見的表演。

■下圖：除了在泥地賽場上的高超技術，史普林斯汀還是一位厲害的道路賽車手，他身旁的是一輛Sundance雙缸引擎摩托車。

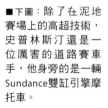

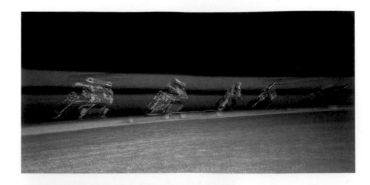

泥地賽道

「橢圓賽道」的泥地賽持續了數十年，是美國摩托車運動的精髓。這是摩托車賽事中最瘋狂、最兇狠的賽事——競逐AMA冠軍重要的「第一名」獎牌。雖然表面上類似競速賽場，但橢圓賽道長約1.6或0.8公里，750cc摩托車的行駛時速會超過210公里。

　　泥地賽事在美國中部的郡市集上逐漸成長，類似某種兩輪的牛仔競技表演。早期幾乎沒有任何組織，即便在有組織的時候，也是「有組織的犯罪」：「非法」賽事於1940年代蓬勃發展。1946年，AMA創立了全國錦標賽，此後的競爭一直都相當激烈。

　　美國人在500cc道路賽事，也就是世界摩托車錦標賽中的卓越

■上圖：代托納的400公尺賽事，這些摩托車是搭載了Rotax單汽缸引擎的「哈雷」。

■左圖：史考特‧帕克於沙加緬度一英里賽（Sacramento Mile）的第一個彎道一馬當先。

表現要歸因於在泥地賽道上磨練出來的特殊技能。冠軍車手包括肯尼‧羅伯茲（Kenny Roberts）、韋恩‧萊尼（Wayne Rainey）、艾迪‧勞森（Eddie Lawson）和其他

■下圖：於代托納舉辦的「現金衝刺賽」，獎金是勝者全拿。

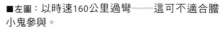

■左圖：以時速160公里過彎——這可不適合膽小鬼參與。

多數人，都是在泥地賽道上初試身手，學習如何控制後輪翹起和滑胎。

　　早期的哈雷大衛森英雄是吉米·強恩（Jimmy Chann）、喬·倫納德和凱洛·雷斯偉伯（Carroll Resweber）等人，他們在1947至1961年間得到了十次冠軍。在那段日子，以及在1986年以前，冠軍重視的「第一名」要由一系列比賽來決定，包括四分之一英里、半英里和一英里的泥地賽事、TT障礙賽（泥地賽事和越野賽的混合體），以及歐式的道路賽。在現代則是一個獨立的道路系列賽，偉大全能選手的時代已經結束了——布巴·修

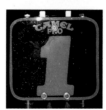

■上圖：賽事最重要的東西：夢寐以求的第一名獎牌。

■下圖：戰無不勝的XR750，既凶猛又幽雅。

伯特（Bubba Shobert）是最後一位連續奪得三屆的AMA冠軍。修伯特在一英里賽事中保持著25場勝利的紀錄，直到1991年被現任冠軍史考特·帕克超越。順帶一提，著名的哈雷大衛森「第一」標誌是在1970年所設計，是為了慶祝默特·羅威爾（Mert Lawwill）的AMA全國大賽冠軍。

　　表現好的話，泥地賽事就像是車輪在跳著一種詩意又古怪的芭蕾舞，這些一流選手的表現肯定沒話說，但也可能會因為突如其來的意外，最終陷入了搞得髒兮兮血淋淋、機器撞毀的一團混亂中。在摩托車電影《每個星期天》（On Any Sunday）中，你會看到騎士被甩過10公分厚的柵欄柱、吃力地拖著腳、拍掉身上的泥土和稻草爬上自己的摩托車；你會看到無法走路的騎士以高速甩尾；你也會看到迪克·曼恩（Dick Mann）把身上的石膏鋸開，說道：「我痊癒得很快」——只為了競逐第一名獎牌。

■上圖：傑伊·史普林斯汀的XR750，由加州的巴特爾經銷商（Bartels' Harley-Davidson）贊助。

直線加速賽

如果所有哈雷摩托車都能發出雷鳴般的聲響，那麼能噴火的直線加速賽摩托車肯定是最響亮的。跟摩托車運動的許多事物一樣，直線加速賽也深植於美國的靈魂之中。從摩托車開始在四分之一英里賽道上起跑時，哈雷大衛森就一直出現在賽場上了。像馬力安·歐文斯（Marion Owens）、李歐·佩恩（Leo Payne）和丹尼·強森（Danny Johnson）這類選手，憑著著名的雙引擎哈雷，持續證明了在多汽缸引擎和二衝程摩托車於其他領域稱霸許久之後，大雙缸引擎仍是一股不容小覷的力量。

■右上圖、左圖、右圖：
直線加速賽的概念是想在越短的時間內盡可能耗費金錢和精力。奇怪的是，有成千上萬的人沉迷於這種為動力而瘋狂的運動。

卡爾·雷伯恩

偉大的卡爾·雷伯恩從未贏得夢寐以求的第一名獎牌，但那無法阻止他成為頂尖。雷伯恩是完美出色的道路賽車手，是真正的天生好手，他也可以說是為肯尼·羅伯茲、韋恩·萊尼和其他在世界摩托車錦標賽中嶄露頭角的美國人打開了大門。雷伯恩出身於加州泉谷，贏得了兩場代托納賽事，以及其他九次主要的AMA公路賽事。不過他的職業生涯幾乎從未展開——1958年，年僅18歲的他於加州里弗賽德賽道摔斷背部。

從未適應泥地賽事的雷伯恩以柏油賽道上的精通表現作為彌補。1968年，他成為第一位以平均時速100英里（160.93公里）贏得當時世界著名的代托納200英里（321.86公里）賽事的選手——而且贏得很輕鬆：他留下了時速101.29英里（163公里）的紀錄。

在過程中，他的哈雷XR750整整領先了一圈；他在1969年再度獲勝，這後來成為哈雷摩托車最後一次在代托納得到的勝利。英國粉絲會記得他在1972年的復活節賽事中大獲全勝，那次他同樣騎乘著工廠的XR750。雖然大V-twin引擎幾乎要被凱旋、諾頓和日本摩托車淘汰了，但雷伯恩卻狠狠打了他們的臉。

雷伯恩也抽出時間嘗試挑戰了一連串速度紀錄，以他的例子來說是猶他州的博納維爾鹽灘。在

■下圖：已故的卡爾·雷伯恩，攝於1972年於英國奧頓賽車場舉行的復活節賽車。

■上圖：伊佛·克尼佛是一名偉大的表演者──尤其是對哈雷摩托車來說。油箱上寫著「哈雷大衛森」，但引擎其實是凱旋的雙缸引擎。

1970年，他駕駛著一輛長6公尺、像鉛筆一樣細長、流線型的1480cc Sportster，衝出了驚人的時速410.11公里，他後來又將這個數字推進到427.25公里。

雷伯恩後來悲劇性地於1973年的一場澳洲賽事身故，諷刺的是他騎著一輛二衝程摩托車，因為引擎卡死而將他拋向賽道護牆。

伊佛·克尼佛

如果說哈雷大衛森初期的成功是在賽車領域，那伊佛·克尼佛有個更好的點子：讓摩托車飛起來。身為一位純粹的表演家，克尼佛追女人

和挑戰跳遠紀錄的方法大致上相同。從1970年開始，他便靠著哈雷摩托車的動力來執行瘋狂的計畫，主要是許多XR750車款。

克尼佛的摩托車一定要很耐操──但都不會有他本人那麼耐操。他會騎摩托車飛躍汽車（1972年2月28日在安大略賽車場飛過21輛汽車）、卡車、公車，甚至在拉斯維加斯的凱撒宮酒店跳過一座噴泉。伊佛的問題在於他實際上是按件計費的──他的費用會隨著挑戰的障礙數量增加。而且他喜歡錢：飛躍的距離越來越長，而一連串撞車意外也越來越多。在過程中，他摔斷了不少大大小小的骨頭。當你去看伊佛·克尼佛表演時，你知道肯定有好戲可看了。在拉斯維加斯的那場飛躍演出造成一次非常壯觀的撞車事故，他那時撞到幾輛汽車彈開，側身翻過凱撒宮酒店的停車場。

到了1978年，克尼佛已經想不到有什麼普通的東西可以飛躍與撞擊的了，並宣布他再來會跳過大峽

■右圖：這輛Sport引擎的流線型摩托車創下了250cc的陸地速度紀錄，駕駛人是喬治·羅德（George Roeder）。

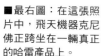

■最右圖：在這張照片中，飛天機器克尼佛正跨坐在一輛真正的哈雷產品上。

谷。大峽谷有超過1.6公里寬，深度也差不多是這個數字，所以在當地的美國原住民否決這項計畫時，應該也是幫了他一個忙。克尼佛沒有灰心，他將目標轉向蛇河峽谷，拋棄了他心愛的哈雷大衛森，改用火箭推進的發射座。然而，火箭只發出了嘶嘶聲，飛躍最終失敗了。

1999年，克尼佛的兒子改寫了不光彩的紀錄，他最終得意地飛躍了大峽谷。

世界摩托車錦標賽

無論這個安排在銷售方面造成何種失望，哈雷與Aermacchi的合作在1970年代中期於世界的舞台上得到了重大成功。義大利的華特・維拉騎著工廠RR-250和RR-350雙缸引擎，在1974到1976年間連續贏得三屆250cc級別和一屆350cc級別的冠軍。

在1萬2000轉和1萬1400轉時分別能輸出58和70制動馬力，這兩輛車款不像是傳統的哈雷雙缸車款。

其引擎都是二衝程，起初是氣冷式，後來換成完整的水冷式。而由於RR車款狹窄又呈高峰狀的功率帶，變速箱內有六組齒輪比。這些二衝程雙缸引擎被一些冠軍車手使用，也有在美國賽場上取得成功，像是卡爾・雷伯恩和蓋瑞・史考特（Gary Scott）。

■上圖左：以XR1000街車引擎為基礎，Lucifer's Hammer車款以其速度，在1980年代的「雙缸引擎之爭」競賽讓許多觀眾感到驚訝。

■上圖右：華特・維拉騎著一輛RR-250，於1977年參加了在斯帕-弗朗科爾尚賽道舉辦的250cc比利時大獎賽。儘管是10號，他當時其實是世界冠軍。

■左圖：一輛Aermacchi RR-350在布蘭茲哈奇賽道上衝刺。

Lucifer's Hammer

也許是近期最有名的一輛哈雷賽車，Lucifer's Hammer於1983年在代托納的一場勝利中展開了它的賽車生涯，騎乘著是偉大的傑伊·史普林斯汀。在1980年代大部分時間裡，同一輛摩托車繼續在美國的「雙缸引擎之爭」賽事中稱霸，讓吉恩·切奇連續拿下三屆美國冠軍。

　　由經過高度調整的XR1000引擎提供動力，在7000轉時能輸出104制動馬力，Lucifer's Hammer在代托納留下的速度紀錄至少有時速254公里。使用XR750道路賽車架，雖然經過大量改造，但在初次亮相後過了十年，史普林斯汀才獲得了史詩般的勝利，這證明哈雷大衛森的產品都是經久耐用。

883 Sport Twin車系

Sport Twin車系於1989年在美國發表，很快地就在世界各地風行。改良過的883cc哈雷雙缸引擎在一場比賽中一戰成名，該車系立即風靡，並出口至世界各地的賽車廠，吸引觀眾蜂擁而至，想聽聽看哈

■上圖：一輛哈雷超級摩托車——工廠VR1000。

■上圖右：哈雷卓越的883 Sportster車系甚至吸引了傑伊·史普林斯汀這樣的明星車手。

■下圖：兩個汽缸蓋都使用了雙頂置凸輪軸、一汽缸配四氣門，配有燃油噴射系統，VR1000完全不同於街上會出現的任何哈雷車款。

雷出產的雙缸引擎如雷貫耳的轟鳴聲。當哈雷打造出這個車系時，可能只覺得它會是美國專屬的摩托車。如果是這樣的話，他們就錯了。第一座美國Sports Twin車系的冠軍是由一位英國人奈傑·蓋爾（Nigel Gale）所得到的。

VR1000

工廠最近一直努力想在世界超級摩托車錦標賽中增加更多競爭力，而他們也透過雙缸引擎VR1000達成目的，車手包括AMA冠軍克里斯·卡爾和湯馬斯·威爾森，後來則是世界超級摩托車錦標賽前任冠軍，史考特·羅素。

經典車款

以下這一章節是關於哈雷大衛森主要車款的介紹指南，從1903年最原始的單缸引擎車款，到現代造型強烈、有豪華配備的巡航車。本章節的目的不在於介紹所有哈雷大衛森車款，但最重要和最有意義的車款都會提及。

在回顧橫跨哈雷大衛森歷史的摩托車時，讀者可能會注意到一個很明顯的謎團。這間公司肯定是世上所有摩托車廠牌中最歷久不衰的，目前也正享受著他們空前的成功。不過在其他摩托車製造商全心提升技術的複雜性時，哈雷卻始終如一，堅持著最初全面性設計和穩固簡潔的信念，忠於其可靠優秀的V-twin引擎。

哈雷大衛森擁有一種豐富、且無法定義的特質，也就是「性格」——這是任何規格表都無法展現的特性。哈雷大衛森是有血有肉的，他們渾身是膽又魅力無窮，只要親身騎過，你一定能夠理解。

單缸引擎

　　為哈雷的未來奠定基礎的並非發出轟鳴的V-twin引擎，而是砰砰作響、簡單的單汽缸引擎。第一批樣品與1903年的摩托車原型幾乎沒有什麼不同，引擎遵照同樣的「F-head」基本設計，安裝在一個原始的車架上，與腳踏車的做法差不了多少。

　　而成果自然簡單又基本，但這輛不起眼單缸引擎摩托車展現出的耐用性，未來將成為這間密爾瓦基公司的特色。在哈雷大衛森第一輛車款亮相的僅僅十年後，公司就開始刊登廣告，說他們的一輛摩托車憑著原有的軸承就騎乘了10萬英里（16萬零930公里）。在那個路面盡是泥土、泥巴、塵土和坑洞的年代，摩托車一定要很堅固才行。

　　耐用、簡潔、實惠的特性確保了單缸引擎一直到1930年代，依然在哈雷車系中能佔有一席之地。在單缸引擎的時代中，哈雷的信條第一次得到展現：「經驗證實，使用相對較大的引擎以中等的速度運作，會比用小引擎高速運作來得更好。」這些話出現在1905年印製的宣傳手冊中，但在現代看來也相當中肯有理。

第一輛單缸引擎車款，
1903～1911年

■下圖／最下圖：最早受到德迪翁布東啟發的其中一具單缸引擎，在爬坡時必須靠踏板輔助。在下面的照片中可以清楚看到皮帶最終傳動和簡陋的離合器分離裝置。1910年的「安靜的灰色夥伴」整體更為精密，但保留了踏板和皮帶最終傳動。

哈雷大衛森的第一輛摩托車，雖然名義上是單汽缸車款，但在橫跨八年的生產過程中也隨著公司一起演進。在那段時間裡，隨著需求和技術有了飛躍性的成長，年產量從非常低的數字飆升到4000多輛。改變相對較小的是價錢：1904年是200美元，到1911年終止生產時只增加了25美元。

引擎的核心是一個用螺栓固定的曲軸，在鑄鋁的曲軸箱中連動汽車用的大端滑動軸承，在這之上則是一體成型的鐵製汽缸蓋，以及裡面裝有鐵製活塞的汽缸筒。為了承受不同的膨脹——頂部產生的熱能遠遠多於底部——每個活塞都是錐形的，

規格（1909）	
引擎	ioe單汽缸，搭配自動進氣閥
排氣量	30.16立方英寸（495cc）
傳動裝置	單速，皮革皮帶傳動
功率	大約3.5制動馬力
重量	84公斤
軸距	1295.4mm
最高速度	大約72公里／小時

這在當時可說是相當厲害的加工成就。閥配置是頂進氣側排氣，「自動」或「真空」進氣閥是粗略地透過活塞升降產生的壓力來控制。可拆卸的外殼能將兩個閥取出，以進行維修：一直到1908年才有閥間隙的調整方法可供使用。

最初的汽缸尺寸是76.2

×88.9mm，排氣量24.75立方英寸（405cc），到了1905年，缸徑增加到79.4mm，排氣量增加為26.84立方英寸（440cc）。同時，由於先前所有樣品都有轉向頭破裂的趨勢，因此單一的框形車架經過重新設計。1909年，靠著缸徑增加了1.6mm，排氣量進一步增加到30.16立方英寸（495cc），當時排氣閥也從汽缸側面移到了前方。直到1910年，所有引擎在汽缸筒和汽缸蓋都使用了臥式的「蜂巢」散熱片；1911年又換成了特殊的垂直汽缸蓋散熱片。在潤滑方面，就跟當時幾乎所有引擎相同，屬於「全損耗潤滑系統」——重力促使機油從1.9公升的油箱滴入引擎中，能夠行駛大約1200公里；傳動裝置使用最

簡單的構造，由一條32mm寬、雙層的皮革皮帶直接傳動至後輪。摩托車上沒有變速箱或離合器，不過到了1911年，皮帶張力已經可以在行進中調整了。

發動的方式很簡單，前提是你精力十足——推著車往前跑，然後跳上車，瘋狂地踩踏板直到引擎發動。

在1906年，只要付額外的費用就能有手動曲柄起動器，並在隔年成為標準配備，不過這兩種發動方式都不是特別優雅。

與現代摩托車相同，動力由右側的扭轉把手控制，而後輪轂一個簡單的「腳煞車器」能讓摩托車減速。任何形式的照明要到生產最後一年引入了乙炔燈才有辦法提供。最初，懸吊系統只包含了皮革鞍座下的彈簧，這讓騎士可能會感到相當不舒服，但在1907年，摩托車加裝了一組簡陋、但非常有效的Sager前叉來減輕騎乘時的不適。

除了標準保守的「鋼琴黑」漆色，到了1906年，單缸引擎車款也推出了「雷諾」淺灰色配紅色細條紋，但必須額外付費。從此該車款被稱作「安靜的灰色夥伴」，一部分要歸功於騎乘時非比尋常的安靜讓人留下深刻的印象。沒有上漆的金屬零件鍍了鎳，而鋁製引擎經過拋光處理，看起來閃閃發光。

■上圖左：到了1907年，單缸引擎已經增加到26.84立方英寸（440cc），看起來更為複雜，車身配色也改變了：「安靜的灰色夥伴」。

■上圖右：一具1905年24.74立方英寸（405cc）的單缸引擎，全新的一具要價200美元。

■上圖：一輛非常原始的1907年單缸引擎車款正在進行修復。

隱藏的珍寶

哈雷大衛森的第一個產品現在陳列於朱諾大道工廠大廳的防彈玻璃展示區，享受著應有的地位，但它不是一直都受到這般重視。

這輛摩托車最初由公司保留，並於1915年送到加州泛美博覽會展出（從那時起，哈雷在每年生產的車款中都至少會保留一輛樣品）。然而在摩托車送回來之後，公司不知道為何「忘了」這輛摩托車是第一個產品。1970年代，這輛摩托車在運往約克的羅尼‧C‧高特博物館（Rodney C. Gott Museum）的途中受損了，但即便在修復的同時，眾人也仍未發現摩托車的真實身分。

直到最近在哈雷檔案館工匠雷‧施利（Ray Schlee）的手中進行全面修復時，透過內部刻有傳說中「第一號」字樣的零件辨識時，摩托車真正的出身才得以揭曉。據信這輛摩托車曾在1904年參加過比賽，但現在則是裝在1905年的車架上，因為所有早期的樣品，其轉向頭都已經損壞了。

這輛獨一無二的摩托車現在已經投保了200萬美元。

MODEL 5-35單缸引擎，
1913～1918年

於1913至1918年生產的第二代單汽缸摩托車，其引擎是早期版本的改良，而不是全新的設計。雖然缸徑沒變，依舊是84.1mm，但衝程從88.9增加到了101.6mm，排氣量為34.47立方英寸（565cc）。新的引擎被通稱為5-35，代表5馬力和35立方英寸。

在第一具雙缸引擎問題重重的發展過程中所學到的許多教訓，都應用到了新單缸引擎的設計中。儘管現在進氣閥是遵照改良過的V-twin構造，透過引擎右側的一根長推桿來進行機械操作，閥配置仍是頂進氣側

■上圖／下圖：到了這輛Model 9B於1913年間世時，鏈條傳動已經成為了單缸和雙缸摩托車的原廠選項了。鏈條傳動和皮帶傳動的單缸引擎售價都是290美元，比雙缸引擎便宜了60元。

排氣；凸輪軸（包含一個排氣閥、一個進氣閥）由一連串齒輪所驅動，最後由博世（Bosch）的磁電機提供點火火花，而博世磁電機1915年被德科雷米（Delco Remy）

規格	
引擎	ioe單缸引擎
排氣量	34.47立方英寸（565cc）
變速箱	單速、二速和三速都有
軸距	1400mm
最高速度	87公里／小時（側閥）或105公里／小時（ohv）

的儀器所取代。

和先前一樣，鐵製的汽缸蓋和汽缸筒都是一體成型的，可容納一個鋼製三環活塞。曲軸箱是鋁製的，其中一個高等級鋼製曲軸是仰賴著磷青銅的主軸承作動，整個曲軸總成是平衡的。潤滑系統依舊是全損耗，油箱是掛在車架主管下方，而機油要從油箱中自己的隔間手動計量。油箱下方的油面鏡能讓騎士看見要多常滴下機油。除了操縱潤滑系統，騎士還需要透過另一個控制桿來調整點火提前角（換句話說是火星塞點燃混合氣體的準確時間點）。在那個時代，想要發揮引擎的最大功效並不是件簡單的事，操作者要有足夠的察覺力才行。

或許這些早期的單缸引擎最明顯的差異是以鏈條代替皮帶作為傳動介質，排除

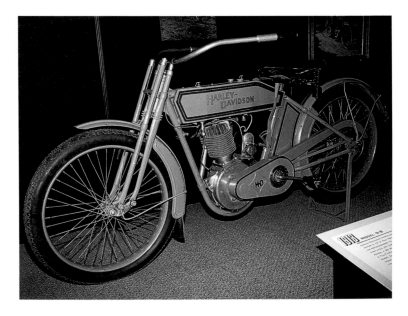

■下圖：三張圖片中都是一輛1914年的二速Model 10C，而結果證實單速的Model 10B更受歡迎。

■最下圖左：哈雷複雜到驚人的二速後輪轂從這個角度看得非常清楚，該輪轂採用一圈相互咬合的斜齒輪來改變最終傳動比。

■最下圖右：雖然保留了踏板，這輛二速摩托車是第一次搭載車側踏板，注意到點火磁電機是在化油器下方。

了所有皮革皮帶傳動系統在潮濕天氣會滑動的問題。在早期的樣品中，傳動是透過滾子鏈直接從曲軸左端的鏈輪傳到後輪轂上的另一個鏈輪。同一個輪轂裡還有一種由摩托車左側一根長拉桿來控制的基本離合器。發動的方式是立起摩托車的腳架，讓後輪離地，然後強力地旋轉腳踏車式踏板。當該踏板往後旋轉時，就會透過右側的鏈條嚙合「腳煞車式」的後制動器，而用拉桿操作的制動器要到1918年才出現。

「踩踏啟動」和哈雷第一個二速後輪轂於1914年推出（也有在V-twin車款上推出），提供更高的靈活性，兩種傳動比的最高速度大約是87和105公里／小時。在

一年內，這種看似複雜精細的裝置已經讓位給搭載於規格更好的車款上，配有真正滑動小齒輪變速箱的三速變速箱。儘管如此，單速甚至是皮帶傳動的車款仍持續生產了幾年。

車架的改進包括更堅固的前懸吊，提供約50mm的移

動距離。而尾端當然將維持剛性許多年，不過哈雷申請專利的「全浮式」座椅提供了一定程度的安慰。

與其他摩托車上常見的成對彈簧一樣，這種座椅的前端有一個鉸鏈，而座桿內有一個螺旋彈簧，能夠緩衝顛簸對騎士造成的不適。

MODELS A和B單缸引擎，
1926～1934年

雖然單汽缸摩托車就像現在的大V-twin車款一樣，是哈雷大衛森發展時期的特徵，但從1919到1926年，朱諾大道工廠幾乎沒有生產過這樣的車款。唯一一個例外就是Model CD，一輛排氣量37.1立方英寸（608cc）的摩托車，透過一個簡單的權宜之計，在74英寸的雙缸引擎中移除一個汽缸創造出來的。當時只有在1921至1922年間少量生產，原本只是作為商業用途。當單缸引擎車款再度出現時，又比以往更小了，與早期的30立方英寸引擎相比，排氣量只有21.1立方英寸（346cc）。

有些令人困惑的是，這輛單缸引擎車款同時稱作Model A和Model B，前者是有磁電機的版本，後者代表摩托車裝有發電機和線圈點火。這兩個版本後來又細分為Model AA和BA Sport Solos，代號的第二個字母表示引擎

規格	
引擎	側閥或頂置氣門單缸引擎
排氣量	21.1立方英寸（346cc）
變速箱	3速
功率	8制動馬力（側閥）或12制動馬力（ohv）
軸距	1400mm
最高速度	大約80公里／小時（側閥）或96公里／小時（ohv）

有頂置氣門。更基本的車款，只簡單用A或B表示的，就單純是指「flathead」的設計，閥是呈並列的配置，並由短推桿來控制。

頂置氣門車款是整體更強大的機械，能夠像傳奇的Peashooter賽車一樣在賽場上取得巨大的成功。街車版本的外型必然是比較沒那麼有侵略性，但依然能在當時達到令人頭昏眼花的4800轉和將近105公里的時速。而另一方面，側閥的版本光是要超過80公里／小時就非常吃力了。儘管有顯著的差異，但兩款引擎的額定馬力都是3.31。在當時，引述的功率數據僅代表活塞排氣量的函數，並不是實際輸出的測量標準，而現代的功率數據當然是描述實際的輸出。奇怪

■上圖：ohv「Peashooter」引擎，推桿、搖臂和毫無遮蔽的閥都清楚可見。

■左圖：「子彈」雙頭燈首次出現在這款1929年500cc的單缸引擎車款上，出自於Model A和B，前制動器是前一年推出的另一個新玩意兒。

的是，哈雷選擇犧牲更為先進的引擎來推廣Flathead，可能是因為很快地，哈雷車系中將有一大部分會由側閥引擎所構成。

在機械上，引擎的特色為在鑄鐵汽缸裡運作的輕量鋁合金活塞（側閥引擎中最初是鐵製活塞）。雖然這具21.1立方英寸（344cc）的單缸引擎是哈雷第一具有適當的機械泵給予潤滑的引擎，但在一般情況下，頂置的閥動裝置是裸露出來的。儘管如此，引擎仍保留了一個手動泵，能在引擎處於極端負載情況下補充注油。變速箱採用現在熟悉的三速滑動齒輪，由腳踩的單片乾式離合器來驅動。

新的單缸引擎於1926年亮相時，電力設備在規格和可靠性上已有大幅提升。完整的電力設備是選配的（Model A和AA的標準配置是只有一個磁電機來點火），但依舊很全面。發電機車款配備有線圈和分電器（為點火供電和調節時間）、電池、喇叭、雙燈泡頭燈和尾燈，所有裝置都透過轉向頭上的開關進行控制——與現代摩托車上所具備的裝置相同，除了煞車燈和方向燈。車身可以介紹的部分就更少了，的確，單缸引擎車款搭載了新的淚滴型油箱，包覆於車架主管上，而不是像先

前是用懸掛的；在前端，哈雷熟悉的彈簧前叉提供了一些舒適性和操控性，但後端是剛性的，而且會繼續維持這種設計20多年。後輪轂確實包含了一個制動器（一個146mm的煞車鼓），但前輪對於減速沒有任何貢獻。哈雷大衛森還要再過兩年才能開始安裝他們的第一具前

制動器。在1930年代初期，「21立方英寸」車款銷量受到打擊，部分原因是單缸引擎C車系比較成功，但主要是因為經濟大蕭條。國內供應在1931年停止，當時只有三輛樣品出口。雖然Flathead車款的銷量在1934年底被終止前有稍微回升，ohv車款再也沒有流行起來。

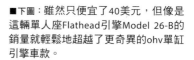

■左圖：變速桿（左）和機油與燃油的加油孔，這個開關控制台是後來添加的。

■下圖：雖然只便宜了40美元，但像是這輛單人座Flathead引擎Model 26-B的銷量就輕鬆地超越了更奇異的ohv單缸引擎車款。

MODEL C單缸引擎，1929～1934年

1929年，Model A和B得到了一位老大哥，也就是新推出的Model C。這座新引擎的排氣量為30.1立方英寸（493cc），上半座基本上是以前61立方英寸Model F／J車款一半的雙缸引擎，組裝在21立方英寸的單缸引擎下半座上。相較於許多美國賽車手使用多年的技巧——他們直接從Model J車款取下一個上半座和連桿，把洞口堵住，然後就在賽道上猛烈操駕——這明顯是更合理的解決方案。一般道路騎士需要某種更為優雅的騎乘體驗。

然而，與「21立方英寸」不同的是，這次沒有提供頂置氣門的版本了；該車

規格	
引擎	側閥單缸引擎
排氣量	30.1立方英寸（493cc）
變速箱	3速
功率	10制動馬力
軸距	1460mm
最高速度	大約90公里／小時

款只能是側閥，儘管30英寸引擎更大的牽引力意味著，對於大多數單缸引擎以適度操駕的用途來說，不需要頂置氣門。而且以最高時速接近96公里的表現，動力已經足夠了。

跟比較小的單缸引擎相

■上圖：這輛C車系500cc三速單缸引擎車款展現出1930年推出的低車身車架。

■左圖：一輛1929年500cc單缸引擎車款，在那個年代，只有雙缸引擎車款有提供鮮豔的烤漆選項。

■上圖：這輛巨大的現代Electra Glide看起來可能與早期的單缸引擎車款截然不同，但那些車款確實是Electra Glide的前身。

比，「30立方英寸」引擎的缸徑和衝程更偏向長衝程的尺寸，為78.6×101.6mm。由於它的轉速也比「21立方英寸」引擎慢，儘管排氣量增加了42%，但功率僅增加25%，從8增加到10馬力。兩具引擎都使用了類似的三速變速箱。一輛頂置氣門的衍生競賽車款Model CA（後來改叫CAC），其生產的數量非常有限。到了1929年Model C首次亮相時，哈雷已開始發展前制動器（在同一年，前制動器也出現在45英寸的雙缸引擎車款上）。就像後制動器一樣，是一個簡單的單領蹄式鼓式煞車，不過是由把手右邊的拉桿來啟動，就像現代的手煞車。

早期的樣品與當時的21英寸單缸引擎使用同樣的引擎架和傳動裝置，但在生產的第二年，更大的引擎是安裝在從雙缸引擎車款「借來」的車架上。這將堅固的小單缸引擎變成了「原尺寸的」摩托車——諷刺的是，座椅的高度變低，但離地高度卻增加了。

更諷刺的是，1933年又推出了Model CB，本質上是一具30英寸引擎搭配21英寸的傳動裝置——這樣的選擇可能是因為後者庫存過多所造成的。

雖然Model C的價值非常高，但即使是在大蕭條的困頓之中，大多數美國摩托車消費者仍渴望能買到雙汽缸的牽引力。

衡量單缸引擎車款在國內問題的一個標準，是在1929年，21和30英寸的單缸引擎車款總銷量只略高於D車系雙缸引擎車款的一半

——3789輛比上6856輛。

儘管如此，雖然在自己的國家相對懷才不遇，但隨著哈雷大衛森開發其國際市場，結果證實堅固的小單缸引擎在海外非常受歡迎，因為大雙缸引擎的重量和尺寸經常會讓潛在買家卻步。毫不意外地，較大的單缸引擎很快就成了銷售主力。

最初的定價只比「21立方英寸」引擎235美元的售價多20元，從1930年開始，Model C的銷量就遠勝於小型摩托車。在該車款的生產週期內，也就是共6年，非常受歡迎的C車系總共生產了超過5000輛摩托車。

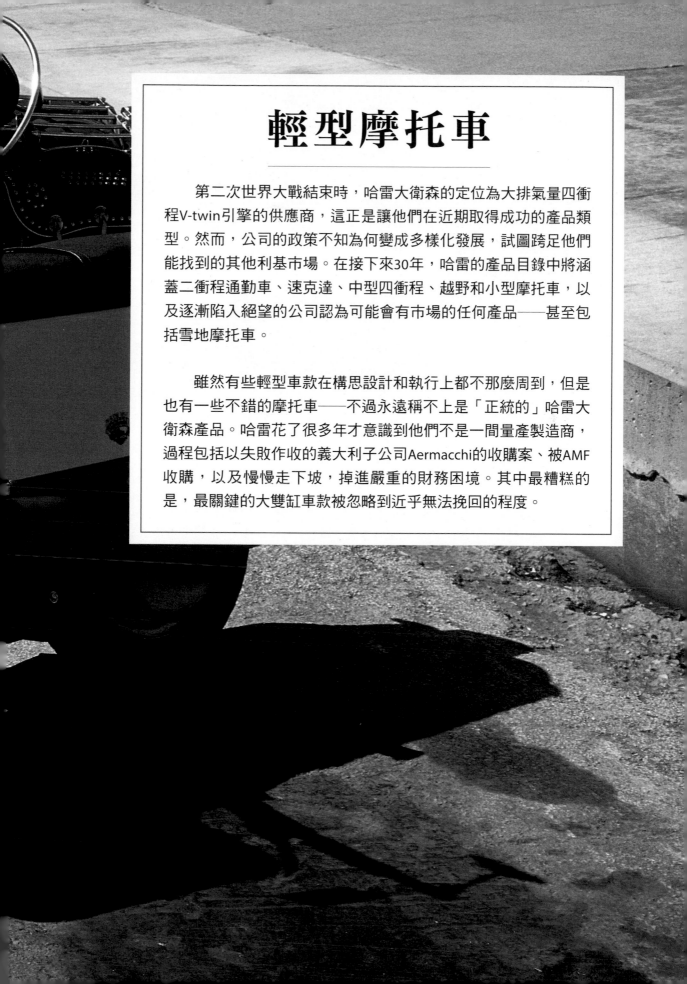

輕型摩托車

第二次世界大戰結束時，哈雷大衛森的定位為大排氣量四衝程V-twin引擎的供應商，這正是讓他們在近期取得成功的產品類型。然而，公司的政策不知為何變成多樣化發展，試圖跨足他們能找到的其他利基市場。在接下來30年，哈雷的產品目錄中將涵蓋二衝程通勤車、速克達、中型四衝程、越野和小型摩托車，以及逐漸陷入絕望的公司認為可能會有市場的任何產品——甚至包括雪地摩托車。

雖然有些輕型車款在構思設計和執行上都不那麼周到，但是也有一些不錯的摩托車——不過永遠稱不上是「正統的」哈雷大衛森產品。哈雷花了很多年才意識到他們不是一間量產製造商，過程包括以失敗作收的義大利子公司Aermacchi的收購案、被AMF收購，以及慢慢走下坡，掉進嚴重的財務困境。其中最糟糕的是，最關鍵的大雙缸車款被忽略到近乎無法挽回的程度。

美國本土的長衝程車款

MODEL S-125，1948~1952年
MODEL ST-165，1953~1959年
MODEL B HUMMER，1955~1959年

哈雷首次大膽進入二衝程的世界，應該要歸功於二戰的結束。一方面，公司假定數千名退伍大兵會渴望任何他們能接觸到的摩托車，而125cc的單缸引擎車款被認為是理想的低成本選項。再者，其設計基本上就是戰前的DKW RT125。

當德國分裂，將工廠劃分在新的東德，摩托車的設計也作為戰爭的賠償傳到了盟軍手上。英國BSA大獲成功的Bantam也是DKW的複製品，還有第一輛山葉摩托車

■左圖／下圖左：源自德國DKW的兩種哈雷二衝程摩托車變體，請注意剛性的車尾、「Tele-Glide」前叉，以及後來成為Sportster靈感來源的油箱形狀。

規格：S-125	
引擎	二衝程單汽缸
排氣量	125cc
變速箱	3速
功率	3制動馬力
軸距	1270mm
最高速度	大約64公里／小時

YA-1「紅蜻蜓」。S-125只能從簡單的活塞氣門、氣冷式引擎輸出3馬力，任何在四衝程大動力環境中成長的美國

騎士一定都對它感到失望。

哈雷希望這些摩托車大賣，在該車款生產的第一年製造超過1萬輛，結果銷量不佳。即使在1951年推出帶有「Tele-Glide」版本的伸縮式前叉後，銷量仍維持在每年4000輛左右。

1953年，缸徑從52增加到60mm，推出速度稍微更快一點的165cc Model ST，也有受限版本的STU可供選擇。兩年後，Model B Hummer也出現在哈雷大衛森的產品目錄中。

從1960到1961年，升級過的165cc車系繼續推出6制動馬力的BT和BTU Super 10。哈

■上圖：ST-165惹眼的四等分油箱標誌可追溯至1957年。

■左圖：最早的二衝程車款是這輛1948年的Model S，請注意其哥德式前叉。

■下圖：Pacer是165和175cc二衝程Model BT系列的街道專用版本。

■最下圖：Topper最常見的外型。雖然相當先進，但這個售價450美元的車款沒辦法在速克達熱潮中賺到錢。

■下圖：一輛Topper速克達，現在被當作哈雷公司內的代步車。

雷對這個車款的廣告語是：「青少年的熱切首選」。

Ranger、Pacer、Scat、Bobcat，1962～1966年

這段車款的四重奏是想拓展哈雷車系的另一次嘗試，讓哈雷公司能成為大眾市場的角逐者。從事後來看，這個策略很明顯是判斷失準，但哈雷則認為有一個利基市場的買家還沒準備好接受新的250cc Sprint，所以Ranger和其兄弟姐妹便因而誕生了。

這四輛摩托車被命名為Model BT，搭載源自於Super 10的同一個二衝程引擎，但除了1962年的Pacer和Ranger，其他引擎的衝程都從60增加到61mm，排氣量增加到175cc，至於Topper則是有「全功率」和5制動馬力的版本。

那一年的車款包含只能在街上騎乘的BT Pacer，以及雙重用途的BTH Scat和BTF Ranger。最初的樣品有剛性的尾端，但1963年推出了有擺動叉懸吊的車款。Ranger於1963年淘汰，而Pacer和Scat在1966年也被BTH Bobcat逐漸取代。

這個車款有道路和越野版本可供選擇，生產持續了一年，結果是最後一個美國製造的哈雷輕型摩托車。

Topper速克達，1960～1965年

Model A Topper採用165cc的二衝程引擎，缸徑和衝程跟之前的ST車款相同，但汽缸採水平臥式，以降低引擎高度。

官方宣稱1961年開始使用的高壓縮比引擎功率可達9制動馬力，而「受限」的5馬力版本則在美國一些不用有駕照就能騎乘低輸出摩托車

規格：Topper	
引擎	二衝程單汽缸
排氣量	165cc
變速箱	變速皮帶
功率	5或9制動馬力
軸距	1310mm
最高速度	大約80公里／小時

的州販售。

不像先前的三速哈雷長衝程車款，這次的「速克傳」（Scootaway）變速箱是自動式，使用皮帶傳動和變速凸緣輪來改變齒輪比。

其他Topper的新設計包括使用橡膠減振座和簧片導進閥的引擎、駐車制動器、座位下置物空間和割草機式的手起動系統。

從各方面來說，四四方方的Topper是一款古怪，但功能多樣的摩托車，若不是因為推出時正逢速克達市場開始萎縮，不然銷售的表現可能會更好。

這款售價430美元的摩托車在上市銷售的六年內，銷量從將近4000輛跌落至後來的僅500輛。

規格：Bobcat	
引擎	二衝程單汽缸
排氣量	175cc
變速箱	3速
功率	8制動馬力
軸距	1320mm
最高速度	大約96公里／小時

義大利哈雷

SPRINT，1961～1974年

四衝程單缸引擎的Sprint家族於1960年9月推出，是哈雷大衛森收購義大利瓦雷塞的Aermacchi的第一個實際成果。與許多同時期的哈雷摩托車硬體相比，這是一款衍生自現有250cc Ala Verde車款、技術更先進的摩托車，具有內置單體結構頂置氣門引擎，而脊梁車架、伸縮式前叉和擺動叉車尾能提供絕佳的操駕性。憑藉著不會錯認的水平臥式汽缸，該引擎的許多變體在賽場上贏得數不清的勝利，包括著名的曼島TT賽，而且在現代的經典賽事中依然相當受歡迎且有競爭力。

儘管受邀去體驗「經過Hi-Flo調節，動力十足、強

■下圖：化油器下吸式的陡峭角度，這是Aermacchi的設計特色。

規格：SPRINT C（SS-350）	
引擎	ohv水平單缸引擎
排氣量	246cc（344cc）
變速箱	4速（5速）
功率	7500轉時輸出18制動馬力（7000轉時輸出27制動馬力）
重量	未知（161公斤）
軸距	1320mm（1420mm）
最高速度	大約120公里／小時（136公里／小時）

而有力的排氣聲」，美國買家對Sprint的小排氣量和相對容易加速的特質幾乎沒什麼反應，不過這款摩托車的能力與其類似的賽車款式不相

上下。原廠的街道版Model C宣稱其熱切、運轉順暢的引擎能在7500轉時輸出強力的18制動馬力。一年後，越野版的Model H也上市了，配有高壓縮活塞和額外的1.5制動馬力。Model H很快成為更受歡迎的車款，並廣泛用於美國的各種競賽，包括泥地和越野賽事，以及純粹的休閒娛樂用途。

Sprint Model H後來被稱為Scrambler，以相對高速的8700轉，最多能產生25制動馬力。

1967年，原本的長衝程結構變成了短衝程。兩年後，第一批350 Sprint問世了——ERS泥地賽車和道路版350cc的SS型號。有雙重用途的SX-350在1971年加入了SS的行列，並於兩年後「Sprint」這個名稱從該車系

■下圖：這輛早期的Sprint是哈雷博物館的重要展示品。

刪除時得到了電起動系統。

使用相同344cc單缸引擎的道路賽車最多可以輸出38制動馬力，在賽車的流線型車身下可以跑出210公里／小時。而一般道路的使用者大概有25制動馬力可以使用，一定會對145公里／小時左右的最高速度感到滿意。儘管簡單的脊梁式車架對賽車來說就已經足夠，但最終的SS-350卻不知所以然地使用了一個沉重，而且完全沒必要的雙下管車架。

Sprint的到來恰好碰上來自日本更先進輕量的摩托車出現的時期，並且在某種程度上受益於日本摩托車的成功。

自1920年代以來，摩托車在美國第一次發展出廣泛的吸引力，市場正迅速擴張。1971年，新摩托車的銷量達到210萬輛，在不到20年內成長了40倍。

Sprint的弱點並不是發展的走向，而是當日本的摩托車似乎年復一年地能以更低的價格買到更優良

規格：M-50	
引擎	二衝程單汽缸
排氣量	50cc
變速箱	3速
軸距	1120mm
最高速度	大約64公里／小時

的產品時，Sprint的售價卻持續調漲。

M-50、M-65，1965～1971年

在1960年代中期，哈雷對於拓寬市場的追求來到了50cc車款的領域，這一步棋並不比當時特立獨行的車種發展成功。諷刺的是，其他V-twin引擎大公司，像是

■下圖：這輛1967年的M-50加裝了馬鞍包和擋風板，努力地想仿效「真正的」摩托車，但是它的最高時速只有大約64公里。

■上圖右／左：M-50是哈雷摩托車中一個奇怪的二衝程小型車系。左圖為1965年的樣品，到了1966年（右圖），外型看起來更像摩托車了，不過這類型輕型車款從未真正在美國流行起來。

英國的文生摩托車（Vincent Motorcycles），在十年前也曾踏入輕型摩托車領域，但並未成功。

該車系始於1965年的M-50，以及於12個月後推出、外觀更具跑格的Sport版本。兩者都是大量生產，在前兩年的產量超過2萬5000輛，結果產品完全供過於求，價格急劇慘跌。1967年增加了M-65和M-50 Sport版的排氣量，也把生產數據調整得更為實際。

1967年，最初50cc的版本發展出65cc的M-65來補足急需的額外動力，到了那時，大約有4000輛尚未賣出的M-50以賤價在市場流通。兩種車款均提供了標準和「Sport」的外型，後者有更俐落的油箱和座椅。1970到1971年還生產了65cc的Leggero（在義大利文中代表「輕」）版本。

為銷售奮鬥

RAPIDO、TX、SX、STX，1968～1977年

Rapido由一具簡單的123cc二衝程單缸引擎和四速變速箱提供動力，最終逐漸被五速變速、噴油式的TX、SS和SX車款所取代。雖然常被忽略，但該車系在1969年確立了它的血統，當時三輛Rapido史詩般地在撒哈拉沙漠中穿越了3萬2000公里，從摩洛哥騎到奈及利亞。後來還生產了TX更小的版本，也就是90cc的Z-90。

SS和SX車系，1974～1978年

到了1970年代開始時，越野摩托車已經成為美國摩托車界一門巨大的生意。無可避免地，市場的競爭激烈，售價已經殺到了最低點——導致就連效能超高的日本工廠也快要有大量庫存。同時，環境問題也找上了高

規格：RAPIDO	
引擎	二衝程單汽缸
排氣量	123cc
變速箱	4速
軸距	1240mm
最高速度	大約96公里／小時

碳氫化合物排放的二衝程引擎。1974年推出的越野SX車系，正是誕生於這個希望渺茫的局勢之中。SX車系在1975年迎來了道路版本的SS-250，以及更大的越野版SX-250，並在1976年推出道路版的SS-175。然而，在生產及銷售中占盡優勢的卻是越野摩托車，1975年共生產了超過2萬5000輛摩托車，除了其中3000輛以外，其他全部都是SX車款。在面臨

■上圖：哈雷推出類似這輛1970年Rapido的車款，試圖在國內輕型越野摩托車蓬勃發展的市場中獲利

到需求下降和供過於求的情況，產量在1976年跌至1萬2000輛，在1977年繼續衰退至1400輛。最後在1978年，隨著哈雷擺脫義大利的合作夥伴，該車款也幾乎完全停產了。

雖然這些車款幾乎是山葉DT系列引擎的複製品，但它們其實是相當實用的摩托車。尤其是SX-250在賽道上取得了相當驚人的成功，而更成功的是MX250，本質上是採用了相同的引擎。1978年，哈雷大衛森於義大利的營運結束後，兩種車款最終都被淘汰了。

■左圖：SX-250為義大利二衝程單缸引擎的車款之一，曾試圖打入越野摩托車熱銷市場中。

規格：SX-175（SX-250）	
引擎	二衝程單汽缸
排氣量	174cc（243cc）
變速箱	5速
軸距	1420mm
最高速度	大約112公里／小時（128公里／小時）

■右圖：雖然擁有古怪的跑格，但這種兩用輕型摩托車偏離哈雷的傳統太多了，以致於無法成功。

規格：BAJA SR-100	
引擎	二衝程單汽缸
排氣量	98cc
變速箱	5速
軸距	1320mm
最高速度	大約96公里／小時

BAJA、SR-100，1970～1974年

這款98cc的越野摩托車使用源自於Rapido的高性能引擎，但搭配了五速變速箱。這輛小摩托車出乎意料地強大，在五年內生產了將近7500輛。儘管在1973年推出了改良的噴油式SR-100，但最終還是無法克服環境問題和日本對手越來越精密的產品。

小型摩托車：SHORTSTER、X-90、Z-90，1972～1975年

MC-65 Shortster名稱仿效了「Sportster」，這輛小型摩托車使用了M-65的引擎和

254mm的迷你輪胎。在它增加到90cc、成為在1973至1975年生產的X-90前，只生產了800輛。Z-90使用相同的引擎，但採用了車輪更大的準越野車架。哈雷以「偉大美國的自由摩托車」來為義大利製造的二衝程車款宣傳推銷，主要是用於搭載在露營車後方。這款小型摩托車總共生產了將近1萬7000

規格：X-90	
引擎	二衝程單汽缸
排氣量	90cc
變速箱	4速
軸距	1035mm
最高速度	大約88公里／小時

■左圖：X-90，當時被棄如敝屣，但現在這樣的小型車系卻被認為很可愛，甚至有收藏價值。

■右圖：哈雷的雪地摩托車銷量不佳，也許他們應該改稱為Snow Glide……

輛，Z-90的產量也差不多。

雪地摩托車，1970～1975年

就像Topper速克達一樣，哈雷的雪地摩托車是對已消逝的熱潮遲來的反應。這短暫的狂熱是由加拿大龐巴迪公司（Bombardier）在1960年代中期帶起的，他們生產了許多類似的雪地摩托車，大多數的機械設計都相同。哈雷的版本於1970年發表，設計是在車頭部分把成對的雪橇連接上摩托車式的手把來駕駛，並由尾端的寬皮帶來驅動。它是由二衝程雙缸引擎提供動力，搭配全鏈條傳動的自動變速箱。雪地摩托車於1975年被淘汰，是連續三個暖冬的受害者。

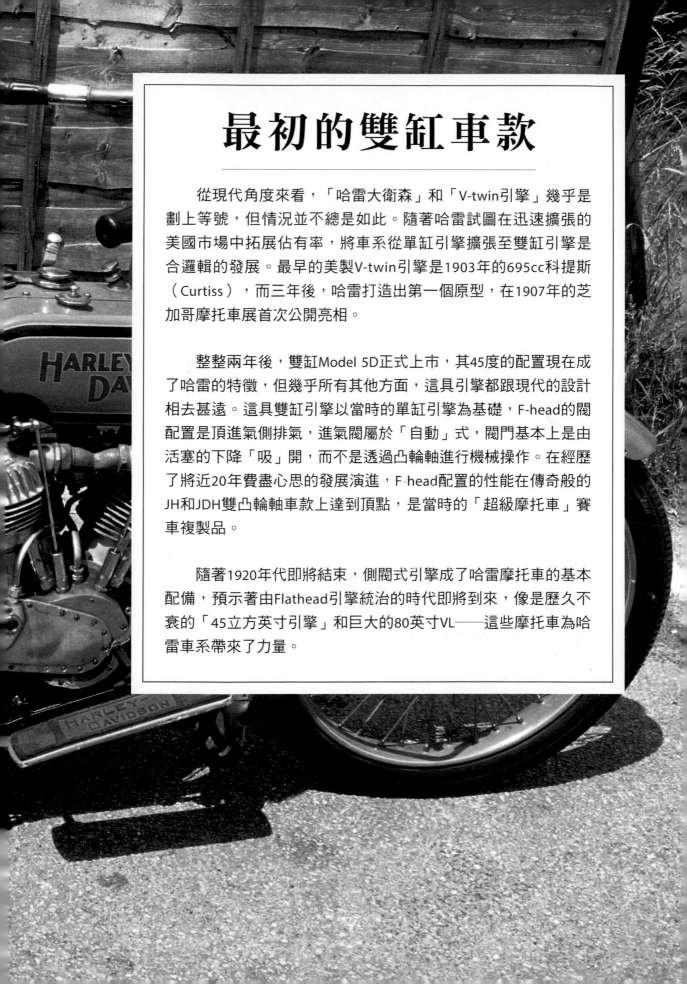

最初的雙缸車款

　　從現代角度來看，「哈雷大衛森」和「V-twin引擎」幾乎是劃上等號，但情況並不總是如此。隨著哈雷試圖在迅速擴張的美國市場中拓展佔有率，將車系從單缸引擎擴張至雙缸引擎是合邏輯的發展。最早的美製V-twin引擎是1903年的695cc科提斯（Curtiss），而三年後，哈雷打造出第一個原型，在1907年的芝加哥摩托車展首次公開亮相。

　　整整兩年後，雙缸Model 5D正式上市，其45度的配置現在成了哈雷的特徵，但幾乎所有其他方面，這具引擎都跟現代的設計相去甚遠。這具雙缸引擎以當時的單缸引擎為基礎，F-head的閥配置是頂進氣側排氣，進氣閥屬於「自動」式，閥門基本上是由活塞的下降「吸」開，而不是透過凸輪軸進行機械操作。在經歷了將近20年費盡心思的發展演進，F-head配置的性能在傳奇般的JH和JDH雙凸輪軸車款上達到頂點，是當時的「超級摩托車」賽車複製品。

　　隨著1920年代即將結束，側閥式引擎成了哈雷摩托車的基本配備，預示著由Flathead引擎統治的時代即將到來，像是歷久不衰的「45立方英寸引擎」和巨大的80英寸VL──這些摩托車為哈雷車系帶來了力量。

早期雙缸車款

由於單缸引擎充分展現了堅固耐用的特性，演進而來的雙缸引擎應該也是如此。跟單缸引擎一樣，雙缸引擎只有單速，搭配皮帶最終傳動、一體成形的汽缸蓋與汽缸筒，以及水平的「蜂巢」散熱片。其排氣量為53.7立方英寸（880cc），儘管在過去兩年已經打造出幾個不同排氣量的開發引擎，甚至還參加過賽車。

但結果顯示Model D車款的問題相當棘手，1909年僅生產了29輛，1910年更是只生產1輛。哈雷似乎將缺點歸咎於引擎的自動進氣閥，不過也有消息來源指出問題在於皮帶傳動的滑動。無論問題出自哪裡，當經過改良的雙缸引擎在1911年回歸時，已經同時配有機械進氣閥和一個簡單卻堅固的皮帶張力裝置，騎士可以用左手在行進中操作。

雖然依舊命名為Model D，但其他改動包括排氣量稍微減少成49.5立方英寸（811cc），缸徑和衝程分別是76.2和88.9mm，與1904年的單缸引擎相同。蜂巢式散熱片也被垂直汽缸蓋散熱片取代。

從各方面來說，經過改良的雙缸引擎遠比問題多多的前身更為可靠。雖在平地的速度只比30英寸單缸引擎快一點點，但在爬坡時的表現要好得多。即使如此，哈雷還是年復一年地進行了許多改進。在1912年運用了新的車架，並在後輪使用自由輪離合器總成，讓騎士不需要關閉（並重新啟動）引擎就能讓摩托車停下來。同年也推出了61英寸的X8E，該車款還配備了鏈條最終傳動。雖然兩種排氣

■左圖：一輛1913年61英寸單速雙缸車款，這輛摩托車雖沒有頭燈，但有乙炔套件可供選配。

規格：1911 Model D	
引擎	F-head V-twin
排氣量	49.48立方英寸（811cc）
變速箱	單速、皮革皮帶傳動搭配自由輪「離合器」
功率	大約7制動馬力
軸距	1435mm
最高速度	大約96公里／小時

■右上圖／下圖：另一輛1913年雙缸摩托車的左右兩個角度，操作進氣閥的長推桿，這遠比先前的「自動」機制更可靠，車身顏色為「雷諾灰」。

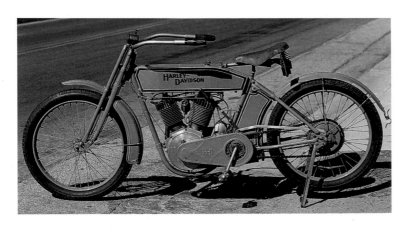

量的車款是在短期內接連推出，但比較小的雙缸引擎於1913年停產。同年也是Model G「Forecar」第一次登場，這個車款有61英寸的雙缸引擎，車身前方配有行李箱。

到了此時，引擎的內部細節已經幾乎跟最初的雙缸引擎完全不一樣了。引擎的高壓區域使用了相對奇特的合金鋼，像是用於工字樑連桿的鉻釩鋼，而滾子和滾珠曲軸軸承被廣泛使用。一個獨立的2.8公升油箱能為全損耗潤滑系統儲存機油。跟多數當代引擎相同，沒有裝設機油泵：仰賴重力和到處擺動的引擎零件使機油在引擎內部移動，所有主要軸承都是使用「自潤滑」的磷青銅。

在這個時期之前，所有哈雷摩托車都是單速，但在1914年，Model 10F和Forecar首度搭載了二速後輪轂。這個令人驚奇的精密裝置包含了至少五個斜齒輪，但僅僅

■上圖：1917年生產這輛雙缸摩托車時，已經可以多付25美元選配三速變速箱了。

■上圖右：在這具F-head雙缸引擎的截面中，可以清楚看到凸輪傳動。

一年後就被真正的三速變速箱取代了。

衡量雙缸引擎成功的一個標準是，到了1915年，哈

雷全車系只包含了兩款單汽缸街車，但有六款雙缸摩托車，包括三速的「精簡原廠車」Model K，是當時的賽車複製品。在六種「特製」的雙缸車款中還有更火熱的「高速引擎」K12和KRH這種不折不扣的賽車車款，而在61英寸F-head長得驚人的壽命中，都能夠維持這樣精巧繁複的產品品質。

■左圖：一具製作精良的1916年板道賽車雙缸引擎，請注意其博世磁電機和單化油器。

■下圖：一輛1917雙缸摩托車的正時系統側，油箱下方為了容納閥動裝置而挖了兩個凹洞。

MODEL W SPORT TWIN，1919 ～1922年

■ 左圖：這輛 Model W創下了 「三旗騎行」的 紀錄，在75小時 內從加拿大騎到 墨西哥。

哈雷大衛森其中一款最極端的摩托車早在1919年就出現了。Model W「Sport Twin」於戰時開發，並在1918年首次公開，與大眾對於哈雷雙缸引擎的一般預期相差許多。汽缸並不是呈45度的V字型，而是分開達180度。這就是哈雷的水平對臥雙缸引擎——但與BMW更為現代化的水平對臥雙缸引擎不同，其汽缸是呈前後一直線排列，類似當時的英國道格拉斯摩托車。

理論上來說，這種有點不靈活的配置應該會讓車身變得很長，但其實新車款的軸距還比現有的V-twin車款短了76mm左右，只有

規格	
引擎	水平對臥式側閥雙缸引擎
排氣量	35.6立方英寸（584cc）
變速箱	3速
軸距	1360mm
最高速度	大約80公里／小時

1360mm。車身整體的高度也很低，最重的組件都特別接近地面，在當時崎嶇的道路也是一個加分優點，而且重量還比其他V-twin車款少了整整45公斤。從審美觀點來看，「布魯斯特綠」Sport的車身看起來又低又瘦長，有先前的V-twin車款少有的優雅線條。引擎水平對臥式的汽缸帶來了完美的初級平

衡，使該車款比哈雷車系中其他大V-twin車款更為平穩。事實上，這是一輛在各方面都最為舒適的座駕。

除了磁電機點火和燃氣燈（由將碳化鈣溶解於水中，並於「行進」時所產生的乙炔氣所提供燃氣）的標準配備，可選配的還有線圈點火和真正的電照明系統；引擎潤滑由自動泵負責，讓騎士不需要等著在適當的時機注入適量的機油；三速變速器由浸在引擎機油中作動的多片式離合器（雖然是手動操作）所驅動，就跟現代的摩托車一樣。

Sport的傳動鏈條被包覆

■左圖／上圖：看起來也許很破爛，但還是能夠運作。這輛最早的Sport Twin，其水平的汽缸和整體低矮的線條非常明顯。

於鋼製的外殼中，由曲軸箱通氣管中的油霧來潤滑，以當時的鏈條傳動系統來說幾乎可以不用維護。總體來說，Model W是俐落輕巧、實惠又創新的一款摩托車，哈雷顯然希望該車款能找到現成的市場，因為騎士已經不太喜歡以前大雙缸車款狂野的樂趣了。

　　不幸的是，Sport有一個很嚴重的缺點——排氣量，或應該說缺少排氣量。與現有的61英寸哈雷V-twin和印地安類似的產品相比，動力都輸了許多，該車款排氣量只有35.6立方英寸（584cc）。為了彌補這一點，至少在某種程度上，轉速必須大力提升——事實上，這個車款（非常令人懷疑地）被稱為是當時轉速最高的內燃機。但即使全力運轉，動力表現依然不佳，最高時速僅稍微超過80公里。當時和現在一樣，美國的摩托車騎士要求更低

■上圖：像Sport Twin這類摩托車的製造者幾乎不會意識到他們正掀起一股文化潮流。

的轉速及更高的魄力。儘管敏捷性讓該車款在歐洲更蜿蜒的道路上適度地流行了一段時間（1919年出口給英國的摩托車中幾乎有三分之一是Sport Twin），但Model W從未在美國取得成功，在哈雷生產線上僅出現四年，便於1922年停產。

155

MODEL JD和FD大雙缸引擎，
1921～1929年

哈雷摩托車第一輛74英寸車款，號稱「超級動力雙缸引擎」，於1921年式現身於美國街頭。能輸出大約18馬力的大型引擎是想與印地安的大雙缸車款和亨德森摩托車等公司的四汽缸車款競爭。「74立方英寸」沿用其演變前身「61立方英寸」車款的做法，採用由引擎右側正時護蓋裡的單凸輪軸所驅動的頂進氣側排氣閥。

然而，許多主要組件如曲軸箱、汽缸和汽缸蓋都是新的，缸徑和衝程也增加了。變速器是三速的，齒輪和傳動軸被一個獨立的鋁製外殼所包覆，並透過封閉的鏈條連接到曲軸左端。

「自動式」機油泵會為引擎的磷青銅滑動軸承、滾

子軸承和滾珠軸承提供潤滑。與當時幾乎所有摩托車相同，使用過的機油會被燒掉或是滴到地上，另一方

■上圖：像這輛連接著Model J車款的邊車是一門巨大的生意。

■下圖：這是一輛經過完美修復的1928年Model JD，是第一批搭載前制動器的車款。

面，多片式離合器則是沒有機油潤滑。

儘管常被通稱為JD，但直到1925年，74英寸雙缸引擎改稱作Model D，並加上與當時61英寸雙缸引擎相同的前綴詞，這樣可能會對辨認更有幫助。「JD」指配有完整電設備的版本，裝設磁電機的車款稱作「FD」。安裝時，電設備包括六伏特發電機、電池、接觸斷路器觸點

規格：74立方英寸超級動力雙缸引擎	
引擎	F-head V-twin
排氣量	74.2立方英寸（1216cc）
變速箱	3速
功率	18制動馬力
軸距	1510mm
最高速度	大約120公里／小時

■右圖／右下圖：這輛1925年的61英寸雙缸摩托車，烤漆保留了最初的橄欖綠，綴有褐紅色和金色的細條紋，與下圖亮眼的塗漆不同。

和線圈、頭燈、尾燈和機油警告指示燈。車款描述中附加的「S」代表有邊車，傳動裝置的齒輪比比較低，汽缸和曲軸箱口之間有一個3mm厚的鋼製墊片，以降低壓縮比。接在後方的其他後綴詞，意涵包括活塞的不同材質，A代表鋁，B代表鐵。鋁合金活塞在1924年推出後，重量更輕、散熱效果更好。

　　一個鋼管單框形車架將所有組件固定在一起，透過「全浮式」梅辛格（Mesinger）鞍座減輕騎士受到的顛簸震動。前懸吊包含與較小雙缸車款類似的雙彈簧哥德式前叉。直到1928年，前鼓式煞車成為標準配備，才配置了後制動器。在法律規定必須有第二個制動器的市場，還可以加裝一個額外的「停止器」。在「74立方英寸」生涯中的其他改動還包括在1924年對所有車架軸承使用「阿美式」

（Alemite）的表面。騎士會定期用特製的高壓注油槍為零件提供潤滑，這能大大地延長組件的使用壽命，尤其是在潮濕或塵土飛揚的環境

■下圖左／右圖：低車架搭配淚滴型油箱的這個配置於1925年第一次出現，同時前制動器終於在1928年式推出，下圖左中的這輛樣品很明顯兩種都沒有。

之中。大雙缸車款也在1926年裝配了「低壓寬輪胎」，和曲線優美的「淚滴型」油箱，雖然較不實用，但反映出了現今的哈雷風格。在八年的生涯中，「74立方英寸」證明自己擁有出色的性能，進而提升了哈雷在製造可靠摩托車方面的名聲。

　　而該車款的一些優點就是「74立方英寸」87×101.6mm的汽缸尺寸一直維持到最近的Shovelhead車款都沒有改變。

　　很明顯地，未來承襲的摩托車必須至少像現有的車款一樣特別。不過至少從一開始，這個車款也沒有什麼特別之處。

JH、JDH雙凸引擎，1928～1929年

■下圖：雙凸引擎和標準雙缸引擎的正時護蓋差異相當明顯。

■最下圖：1928年的雙凸引擎JDH只生產了兩年。

自第一次世界大戰以來，雙凸輪軸和甚至八氣門摩托車已經成為哈雷大衛森官方在投入賽事發展的首要目標，但一般的道路摩托車騎士只能幻想擁有這樣的性能。這個情況在1928年發生了變化，當時哈雷以一般人負擔得起的價格開始販售一款雙凸輪軸引擎摩托車。這些特殊的J車系摩托車僅販售了兩年，有61英寸的JH和優質的74英寸JDH，售價分別是360和370美元。

「『雙凸』這個關鍵詞代表著不同凡響的速度與動力，」當時廣告的這般誇耀自有其道理。看似強而有力的推銷手法，同時又讓大眾對騎著反社會象徵摩托車的

規格	
引擎	雙凸輪軸，F-head V-twin
排氣量	60.33立方英寸（988cc）
	或74.2立方英寸（1216cc）
變速箱	3速
軸距	1525mm
最高速度	大約137公里／小時

壞男孩感到不安，哈雷又再一次在兩者之間巧妙地拿捏分寸。

兩種車款的雙凸引擎都是頂進氣側排氣的閥配置，由位於引擎右側正時箱內、依靠齒輪作動的一對凸輪軸來驅動。凸輪軸上的凸輪不是透過哈雷慣用的搖臂來運作，而是直接由挺桿推動，提供更為精確的閥控制、更高的轉速及更好的燃燒。每

個汽缸進氣閥的高度迫使狹窄的油箱上要預留出炫耀般的間隙缺口，造就了「JH」具有代表性的跑格。

兩種引擎在缸徑和衝程，包括道氏合金活塞的使用上都不一樣，但基本上是使用相同的曲軸箱，都是透過初級滾子鏈連接多片乾式離合器和三速變速箱，變速箱再透過鏈條驅動後輪。

雖然有許多人會自行打造出數種特製賽車，但除了排氣量可供選擇外，還提供了兩種規格的雙凸引擎。除了精簡版Model J的競賽潛力，朱諾大道工廠也預估市場將會出現對道路專用版本的需求──也是現代著名的「超級摩托車」。因此，雙凸車款能夠搭載完整的電設備、化油器空氣濾清器、完整包覆的擋泥板，以及前後制動器。

■下圖：一輛Evo引擎Low Rider沐浴在夕陽的餘暉之中。

然而，在細長的「運動」車架和賽車風格的7.5公升油箱中，依然保有其摩托車競賽的血統。

即便作為一輛街車，雙凸車款也被稱為「哈雷所販售過速度最快的車款」，

而JDH更是受到大力推薦，擁有「最快的速度和頂級的性能」。1929年推出了特別訂製的80英寸版本，這輛飛彈般的橄欖綠摩托車表現絲毫不亞於Brough Superior在歐洲造成轟動的SS10。

然而，在一個對汽車更有興趣的美國市場來說，即便是這麼高檔的產品，其定價也真的太高了，出現在哈雷車系短短兩年後，雙凸引擎車款就成了傳奇般的過往雲煙。

45英寸雙缸引擎，1929～1951年

哈雷史上其中一輛最歷久不衰的車款於1927年10月發表，在僅12個月後就開始在道路上馳騁。Model D最初的設計是新一代的側閥「Flathead」V-twin引擎——生產成本遠低於相對複雜的F-head引擎。其結構不過是把一對21英寸的「里卡多」單缸引擎裝在一具普通的下半座上，具有三速變速箱，以及幾乎和小型單缸車款相同的細長車架。

如果說起始是令人失望，那麼改進也來得很快。在一年之內，「45立方英寸」獲得了堅固的新車架，鞍座高度降低，但離地高度卻增加了。現在有四種不同的形式：D（低壓縮比，單人座）、DS（有邊車）、DL（高壓縮比Sport Solo）和DLD

■左圖：一輛早期的Model D「45立方英寸」，相較於後來的Model W，無鰭片式的正時護蓋是一個很明顯的差異。

規格：**1929 MODEL DL**	
引擎	側閥V-twin
排氣量	45.3立方英寸（742cc）
變速箱	3速
功率	大約22制動馬力
重量	179公斤
軸距	1435mm
最高速度：大約105公里／小時	

Special Sport Solo。兩年後，該車款在全面重新設計後再度推出，成為Model R，使用鋁製活塞代替道氏合金（1933

年起開始提供鎂作為特殊選項）、潤滑系統經過改良的新曲軸箱，以及更堅固的車架。

當然，1933年是經濟大蕭條最嚴重的時期，能看出財政困難的一個跡象，是這個經過大幅改良摩托車的售價只要280美元，比Model D首次推出時還要低10元。在穩定持續地改良過後，「45立方英寸」再度於1937年轉變為Model W。雖然最明顯的

■左圖／右圖：
「Flathead」（平頭）稱號的靈感來源非常明顯（左圖），流線型的儀表總成，後來成為了哈雷摩托車的特徵。

差別是採用了前一年發表的Knucklehead車款的樣式，但在引擎上同樣有許多改進，大部分是針對令人頭痛的曲軸箱潤滑和通風系統。

現在該車系不只有標準款（W）、邊車款（WS）、Sport款式（WL）和Special Sport（WLD），還包括了WLDR Competition Sport Special，一輛外型兇狠的精簡版賽車。到了1941年，WLDR成了「Special Sport」版的街車，而賽車款則單以「WR」稱之。採用自更大雙缸車款的四速變速箱在1938年出現，到了1940年，WLA的陸軍用版本就出現在目錄之中了。而到了此時，WLD和WLDR都配備了輕合金汽缸蓋，有更多散熱面積和更大的化油器，這些改進要再過五年後才會出現在基本車款上。

實際上，在WL車款生涯的最後十年中，引擎幾乎不會再有重大的變動——這與1930年代的作法完全不同，當時每年都要進行15到30次修改。相反地，哈雷全心投入他們的頂置氣門車款，將「45立方英寸」的修改限制於外觀，有一部分的靈感是來自Hydra Glide。「45立方英寸」民用版本的生產於1951年後停止，不過後來還有生產一些軍用版本，而且同樣的側閥式引擎將繼續為Servi-Car提供動力至1970年代。WL是一種粗獷的重型摩托車，比起彎曲的道路，它更適合美國大草原或飽受戰爭摧殘的戰場。當它停產時，已經是一隻摩托車界的恐龍了。雖然速度很慢、過時且笨重，但WL也像牛一樣強壯，幾乎堅不可摧：這個車款已經證明了自己是一輛堅韌的哈雷，20多年以來一直是能穩定售出的產品。

■上頁左下／右下圖：裝飾藝術的影響在這兩輛美麗的WL45的造型上清楚可見，現代Springer的靈感來源很明顯是來自哥德式前叉，尤其是右圖鍍鉻的樣品。

■左圖：一輛1942年的WL45，是戰前最後一個民用車款，「船尾式」的後擋泥板於1939年出現。

74英寸側閥雙缸引擎，1930～1948年
80英寸側閥雙缸引擎，1935～1941年

Model V「Big Twin」完全稱不上是市場需要的可靠摩托車，它也將哈雷大排氣量車款的命運推向動盪1930年代，其棘手的程度甚至不亞於20年前推出的第一具V-twin引擎。

對原本的雙缸引擎來說，問題出在閥動裝置上。而對於這輛74英寸的新車款來說，幾乎整輛摩托車都有問題。

這條產品線的品質一開始為何如此糟糕，不管是現在或是對當時的哈雷來說，都是個謎團。雖然汽缸蓋現在是側閥配置，但保留了早期單缸引擎經過驗證的「里卡多」設計。

87.3×101.6mm的缸徑和衝程尺寸與Model D相同。和

規格：74英寸（80英寸）雙缸引擎	
引擎	側閥V-twin
排氣量	74.2立方英寸／1216cc
	（78.9立方英寸／1293cc）
變速箱	3速（從1937年開始為4速）
軸距	1525mm
最高速度	能達到145公里／小時

之前一樣，一個可靠的薛布勒（Schebler）化油器會透過叉狀歧管計量燃料供給。測

試後的結果顯示，功率比舊款的「74立方英寸」提升了15％。

該車款當然有些新穎的玩意兒，但沒有任何跡象表明麻煩即將到來。初級傳動現在仰賴雙排鏈條，比以前使用的單排鏈條更加堅固。對潤滑油循環系統的改良能讓騎士減少零件浸油的時間，完全包覆的閥動裝置也

■上圖：強大的VL車款，在Knucklehead引擎出現前是哈雷車系的頂級產品。

■左圖：一輛1936年的80英寸雙缸VLH，哥德式前叉上的彈簧護蓋是在那一年新推出的。

■上圖左：手動換檔在哈雷摩托車上一直是常態，直到1950年代。這輛VL的「自殺式」離合器是用腳踏板來操作。

■上圖右：一輛土褐色的陸軍用74英寸雙缸摩托車，油箱上寫著「1200」的公制引擎排氣量。

■上圖／下圖：隨著1937年改成四速變速箱，Model V變成了Model U，也就是打造出這輛帥氣80英寸車款的前一年。請注意修改過的正時護蓋。

命名遊戲

從幾十年後來看，哈雷大衛森的車款命名法實在令人困惑，這種情況已經不是第一次了。有時稱作「VL」，74英寸車款從一開始就是以簡單明瞭的Model V來販售，「VL」代表高壓縮比的版本，「VS」代表附有邊車，「VC」表示使用鎳鐵合金活塞，而不是輕合金活塞。這個規則一直延續到1934年，當時的選項還包括VLD（搭載TNT引擎的「單人座Special Sport」）、VD（低壓縮比、單人座）、VDS（低壓縮比、附有邊車）和VFDS（重型商用、TNT引擎）。1935年推出了80英寸車款，與現有的74英寸車款一起被稱為VLDD（Sport單人座）或VDDS（邊車）。以上這些在1937年式發生了變化，由「U」取代了「V」（逆著字母順序）。從那時起，所有側閥大雙缸車款的型號名稱都以「U」開頭（80英寸車款由接在U後的「H」表示），因此單一一個「U」指的是74英寸基礎車款，而簡單的「UH」就代表80英寸的車款。

有這個功用，這在以前的ioe雙缸引擎上是行不通的。其他本該受到熱衷使用者歡迎的改良包括可互換的快拆車輪，以及更能抵禦天氣的改良電力系統。

對於一間講求卓越可靠性的公司來說，「74立方英寸」的問題確實非常嚴重。值得稱讚的是，哈雷大衛森放下一切全力修復所有故障，而結果證明，Model V在往後的日子裡都非常可靠。

多虧74英寸車款的修復，1935年發表的80英寸車款幾乎沒有任何問題。變大的引擎基本上與當時的「74立方英寸」類似，多出來的排氣量是因為衝程從101.6增加到108mm。

1937年，V系列被U系列大雙缸引擎所取代，U系列配備了四速變速箱、改良過的引擎潤滑。這兩個車系都能跑出145公里／小時，有殘留的制動器，沒有後懸吊系統，而「80立方英寸」實際上在1941年之後就停產了。

WLA和XA

■左圖：令人敬畏三分的WLA，巨大的輔助空氣濾清器，能預防引擎在布滿塵土的環境下阻塞。

WLA，1940～1945年

在二戰期間，如果說威利斯吉普車（Willys Jeep）是美國軍用四輪車的原型，那哈雷耐操的45英寸Flathead雙缸就是摩托車的代表。當美國於1941年12月加入戰局時，「45立方英寸」已經在12年的民間發展中證明了它的價值，完全是陸軍耐用載具的首選。第一批樣品命名為WLA（A代表「陸軍」），於1940年推出，最初不過是一輛灰綠色的WL。

到了1941年，該車款增加了遮光輔助燈、油浴式空氣濾清器（為北非的環境所設計），以及更安靜的魚尾排氣管。針對軍用的需求，也在車頭和車尾加裝了行李架，外加一個槍套和油底殼下防撞保護板。

在那關鍵的一年，哈雷還為加拿大軍方第一次生產了大約1萬8000輛WLC車款，主要的區別在於車身右側的腳踏式換檔，而不是左側的手動換檔，後來還增加了反無線電干擾抑制器和更全面的遮光裝置。到了1943年晚期——該年WLA／WLC的產量到達巔峰，共超過2萬7000輛——甚至連曲軸箱都漆成了綠褐色。每輛摩托車上都有一塊牌子，警告騎士不要騎超過105公里／小時，但WLA實際上也沒辦法騎超過這個速度太多。在為

■下圖左／右：WLA成功的關鍵在於稍微調教過的可靠引擎，這具引擎從1929年開始就在最初的Model D車款上經歷了12年的發展，而後來的產品也加裝了「遮光」燈。

規格：WLA	
引擎	側閥V-twin
排氣量	45.3立方英寸（742cc）
變速箱	4速
功率	大約22制動馬力
重量	依規格而有所不同
軸距	1510mm
最高速度	受限於105公里／小時

■左圖：雖然美國塗裝的車款最有名，但有超過一半的軍用WL都賣到了其他國家的陸軍單位。

規格：XA	
引擎	側閥水平對臥式雙缸引擎
排氣量	45.1立方英寸（739cc）
變速箱	4速
功率	大約25制動馬力
軸距	1510mm
最高速度	大約105公里／小時

■左圖：大多觀察者都會認不出這輛哈雷摩托車：水平對臥式XA雙缸引擎。

■左下圖：請注意這輛Flathead引擎XA上的軸傳動聯軸器和大型空氣濾清器。

戰爭服役而生產的大約8萬8000輛WL中，有許多摩托車運送到了俄羅斯，這些車款後來被稱作WSR。隨著歐洲戰事接近尾聲，據說大約有3萬輛紅軍的哈雷摩托車流入柏林。哈雷大衛森對戰爭的貢獻得到了三枚陸軍海軍「E獎章」，獎勵他們在軍用生產的卓越表現——不過在1945年後有數千輛WLA作為戰爭剩餘物資出售，這對公司營利造成了反效果，抑制了戰後的經濟復甦。

XA，1942～1943年

儘管哈雷大衛森為加拿大軍方生產了一些74英寸側閥雙缸車款（UA）和數量較少的Knucklehead引擎ELC，但工廠的後備軍用車款其實是

怪異的XA。XA由水平對臥式的45.1立方英寸（739cc）雙缸引擎提供動力，配備軸最終傳動和柱塞後懸吊，專門為了能在北非沙漠中使用而設計。變速箱為四速，有腳踏換檔和雙化油器為兩具側閥汽缸蓋供油。這樣的設計似乎會讓人聯想到當時的BMW：因為這是直接複製於德國的摩托車。朱諾大道工

廠並沒有複製到對手的可靠性，由於撒哈拉沙漠的高溫和沙塵，據說XA的軸承嚴重故障。結果XA車款僅生產了大約1000輛，全部都發生在1942到1943年，這可能是因為北非的戰役即將劃下句點。另外還有附有邊車、非常稀有的XS車款。這輛XA車款的衍生民用產品的原型在1946年進行了測試，但最終沒能進到生產階段。

■左下圖：雖然多數XA車款都是為了在北非使用，但這輛樣品卻採用非沙漠的塗裝。

■右下圖：請注意指示牌上寫的：軍方列出清楚的指示，盡可能讓士兵掌握自己的命運。

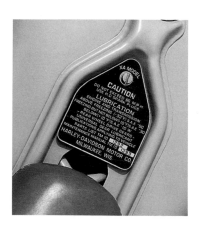

SERVI-CAR，1932～1974年

雖然在現代，我們認為哈雷是造型之王，就連公路巡警騎著哈雷在加州的高速公路上奔馳時也沒改變過想法，但在早期，哈雷其實很常推出不起眼的普通摩托車。早在1913年，車系裡就包括一輛「Forecar」送貨車Model 9G——本質上是一輛61英寸的F-head雙缸車款，附有前置行李箱。從1916年以來，邊車和邊車配件一直是哈雷車系不可或缺的一部分，而自1926年開始，朱諾大道工廠就有一座巨大的邊車生產設施在運作。

由於華爾街崩盤和其餘

■左圖：Servi-Car適用於各種任務，可是在煉獄之中裝著冰淇淋應該不包含在內。

■左下圖／最下圖：這輛Servi-Car配備了警務裝備，這類摩托車還有很多。請注意前擋泥板上加裝的警示燈和一個很大的警笛。

波，便宜可靠的商用運輸工具開始受到特別重視，故在1932年，哈雷推出了有史以來最奇怪的車型也就不足為奇了。Model G Servi-Car在鞍座的前半部看起來多少像是傳統的V-twin車款，但後半部看起來完全就像一輛冰淇淋車。儘管外型很像是把汽車後輪軸隨便地裝在摩托車上，但Servi-Car是一輛實用又實惠的工作車款，在飽受大蕭條蹂躪的美國找到了穩定的市場。

有些人說Servi-Car的靈感來自遠東地區的人力車；然而，Servi-Car最初是為了回收拋錨汽車而設計的，因

規格	
引擎	側閥V-twin
排氣量	45.3立方英寸（742cc）
變速箱	三個前進檔，一個倒退檔
功率	大約22制動馬力
軸距	1550mm
車寬	1220mm
最高速度	大約96公里／小時

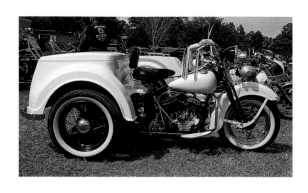

■右圖：雖然流蘇並不是Servi-Car的原廠選項，但這輛車證明了所有哈雷摩托車都能客製化。

此標準配備中包含了牽引桿和60安培小時的巨大電池。也許出乎意料的是，考量到當時艱困的狀況，它依然結合了全面性的設計和紮實的研發——堅固耐用到從1932年一直生產到1974年。從一開始，Servi-Car就採用了一個特製車架，其變速箱的鏈條傳動能藉由差速器的幫忙轉動汽車用的後輪軸。每個車輪上都配有傳統的鼓式煞車，外加安裝在後輪軸殼內的駐車制動器。動力由與Model R相容的45.3立方英寸（742cc）Flathead V-twin引擎所提供。這輛車的速度也許緩慢，但可靠性是不容否認的。

第一批樣品使用的三速變速箱跟單人座街車相同，但在兩年內就增加了一組倒車齒輪。到了此時，三輪車系在警界、修理廠、汽車協會和小型企業中非常受歡迎，並且包含了至少五種車款。事實上，該車系幾乎完全滿足了這些企業的需求：實用、可靠、便宜。

而最重要的是，Servi-Car很容易駕駛，所以駕駛員的訓練相當簡單。一個巧妙且容易操作的特點是採用了與一般汽車相同的42英寸（1067mm）軸距——這樣沒有經驗的駕駛就不需要在泥濘的雪地中硬騎出自己的車轍。在推出時，售價僅450美元；到了1969年，這個數字已經提升到了2065美元。

有鑑於Servi-Car非常長壽，必然會有不勝枚舉的其他變化。Servi-Car在1937年引入了徹頭徹尾的造型變化，仿效了新的61英寸Knucklehead車款。其中包括一個校準至161公里／小時的白底車速表。

與此同時，來自Model W的改良Flathead雙缸引擎負責提供動力——而且將持續到Servi-Car停產為止。1964年終於加裝了電起動，1973年底加裝了後輪碟式煞車，當時的年銷量仍超過400輛。Servi-Car的量產於1973年後停止。

Model G最明顯的缺點——沒有加熱器和車頂——最終導致了消亡，不過在1990年代還能看到它在美國警察單位中效力。

■右圖：這輛樣品更接近最初的模樣，而且也漆上了代表消防局的紅色。

MODEL K，1952～1956年

如果說在戰後有一個車款能看到哈雷摩托車的問題，那肯定就是於1951年11月推出的Model K。「K」幾乎可說是技術上的退步，它誕生時恰逢來自歐洲的摩托車進軍市場，幾乎是每個月競爭越演越烈。競爭對手的摩托車搭載了高性能頂置氣門引擎，能跑出161公里／小時以上的表現，並使用了有史以來最頂級的車架，而哈雷的還擊則是推出了一款過時的長衝程側閥雙缸引擎來作為其重點車款，連要達到129公里／小時都有困難。

「K」的廣告宣傳為：「美國最棒的摩托車，能在性能、騎乘、外型、價值等各方面都超越任何同等級的

規格	
引擎	側閥V-twin
排氣量	45.3立方英寸（742cc）
變速箱	4速
峰值功率	30制動馬力
軸距	1525mm
最高速度	大約130公里／小時

產品」。當然，如果有個等級包含了慢到荒謬和過時的摩托車，這句廣告詞就能實

現。哈雷的產品介紹聲稱Model K能輸出30馬力，僅比同時期的650cc凱旋雷鳥低一點。無論是真是假，V-twin引擎根本比不上這輛時速166公里的英國車。但非比尋常的是，喬‧倫納德在1954年成為第一位全美冠軍，他騎的摩托車基本上是衍生自Model K。這個車款的另一個可取之處，就是它是好萊塢明星騎乘時可以投保的唯一一款大排氣量摩托車。

確實，K是哈雷雙缸中第一輛前後都採用懸吊系統的車款：車頭是「輕鬆騎乘」的兩用伸縮式前叉，配上擺動叉車尾。以凱旋、BSA和諾頓的標準來審視，雖然200mm的制動器在當時還算不錯，但操駕起來卻是笨重又難以掌握。車上搭載了一個手動離合器，在極度樂觀的展示下，車速表上的刻度能達到193公里／小時。

K同樣不可靠，至少一

■最上圖：有了ohv引擎30.5立方英寸（500cc）的限制，側閥的45.3立方英寸（742cc）Model K在賽道上的表現比在街道上更好。

■上圖／左圖：該車系中最好的一款：一輛亮黃色的KHK。

開始是如此，因為它碰到了各種性能與可靠性的問題。也許其中最糟的是「大而堅固」的變速齒輪經常故障，直到1954年後才改用鍛造零件。在其他許多方面，都能看出這輛摩托車的堅固及合理的設計，像是在擺動臂樞軸使用圓錐狀的滾子軸承。缸徑和衝程與WL車款一樣是70 x 97mm。這款四凸輪氣冷式引擎在鋁製汽缸蓋和鐵製汽缸筒上使用了許多散熱片，採用內置單體結構的引擎和變速箱，以及三排的鏈條傳動。

在K的時代結束過後幾年，哈雷揭露了許多人的懷疑，也就是K只是在公司研發出更好的產品前，幫助公司度過難關的過渡性車款。儘管後來的發展是Model K被Sportster取代，但最初設想的是更徹底的變革。哈雷放棄熟悉的45度角V字配置，改用更寬的60度角引擎，也就

是KL，它具有「高揚程」凸輪軸、雙化油器，以及並列而非叉狀的連桿。這將會增加次級振動，儘管更寬的V夾角某種程度上能夠減少初級不平衡。

據說KL的研發與文生摩托車發生了專利衝突，耗盡了開發的時間，不過歐洲摩托車的進步可能讓哈雷體認到他們需要端出更強大的產品。作為填補空缺的權宜之計，Model K的衝程在1954年大幅增加了19mm，將排氣量提升至55立方英寸（883cc），功率也提高到

官方宣稱的38制動馬力。除了基本的KH車款外，經過調校的Super Sport Solo KHK車款也在1955年推出，配有高揚程凸輪軸、拋光氣道、更簡潔的造型和更低的把手。雖然表面上是為了賽車而設計，但大多數產品都騎上了美國街道，因為該車款更受到美國街車騎士的歡迎。1956年過後，古老的Flathead引擎已經過時，被第一款頂置氣門Sportster所取代，而KR和KRTT則是作為哈雷的賽車主力車款，繼續堅持了超過十年。

■上圖：圖中是一輛帥氣的1956年Model K。

■左圖：Model K看起來可能比跑起來更酷，尤其是在圖中佛羅里達州的代托納海灘。

頂置氣門雙缸引擎

Knucklehead、Panhead、Shovelhead——這些熟悉的名稱代表了哈雷橫跨近半個世紀的頂置氣門雙缸引擎，以及許多摩托車騎士心目中的經典哈雷大衛森。

不過，這些可靠的引擎在生涯中都遭遇過困難。Knucklehead引擎的開發始於1931年，若不是因為政府對於減少失業率而實施的限制，可能早在1934年就能上市。當Knucklehead最終於1936年問世時，這具61英寸雙缸引擎造成了轟動，尤其是當喬・佩特拉利騎著該引擎車款，以驚人的時速219.16公里沿著代托納海灘呼嘯而過的時候。然而，當74英寸的版本一發表時就碰上了二戰爆發，使得民用摩托車的生產暫時停止。等到塵埃落定時，Panhead引擎的時代已經到來，這讓Knucklehead「74立方英寸」成為最稀有、最珍貴的其中一款哈雷雙缸引擎。

Panhead在動力和精細度上都有所提升，加上它也為了最著名的哈雷車款之一（第一輛Electra Glide）提供動力，不過在那段時間內，哈雷的銷量下滑至1921年來的歷史新低。再來則是Shovelhead引擎，性能同樣有所升級，但很不幸地恰好碰上摩托車界的革新，Shovelhead因此無力與其他廠牌競爭。Panhead和Shovelhead都有自己的支持者，但這兩具引擎幾乎敲響了哈雷大衛森的喪鐘。

KNUCKLEHEAD，1936～1947年

在摩托車界剛脫離大蕭條長達六年的昏天暗地後，很難體會到哈雷的第一輛頂置氣門雙缸街車會對他們造成什麼影響。事實上，在此刻之前和之後，都沒有任何哈雷車款完全是新的，就連最新的Twin Cam也是安裝在大家所熟悉的傳動裝置中。

傳奇的Knucklehead則不是這樣。不光是引擎有了重大改變，它還安裝在同樣新穎的雙搖籃式車架上，只有擋泥板和發電機是保留自Flathead VL車款。其亮眼的造型很大一部分要歸功於大蕭條時期創新的裝飾藝術風格，配備了淚滴型油箱、搭載大膽的白底史都華華納

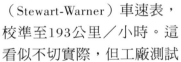

■左圖：頂置氣門的Knucklehead引擎是數年來最大的發展。

■上圖：密爾瓦基工廠賦予了金屬生命。

■下圖：這輛1946年的FL Knucklehead可說是歷久彌新。

（Stewart-Warner）車速表，校準至193公里／小時。這看似不切實際，但工廠測試

員在開發中曾回報過161公里／小時的速度。難怪在1936年1月，當第一批摩托

規格	
引擎	ohv V-twin
排氣量	60.32或73.66立方英寸
	（989或1207cc）
變速箱	4速，手動換檔
功率	40或45制動馬力
重量	256公斤
軸距	1510mm
最高速度	能達到145公里／小時

■左圖／下圖：與下方的「平滑蓋」比較後，可以透過鰭片式的正時護蓋（左）辨認出這是1941年後的Knucklehead引擎，而1942年還發生許多其他的演進。

車樣品送往經銷店面時，準車主們便蜂擁而至，就算售價380美元的Knucklehead車款比當時的80英寸雙缸引擎貴了40美元。

根據當時的說法，由威廉・S・哈雷和洛薩・A・多納設計的60.32立方英寸（989cc）雙缸引擎，經過了至少7萬小時的測試。與先前的主流車款一樣，Knucklehead最初提供了三種型號：E（標準款，於1937年後停產，卻在二戰期間恢復生產）、ES（邊車）和EL（高壓縮比運動款）。所有型號都是自由旋轉（free-revving）且渴望奔馳，特別是在4800轉時能輸出40馬力的E，與緩慢的側閥車款相比，性能有了巨大的提升。即使是強大的80英寸VL也完全比不上ohv雙缸引擎。

儘管進到生產階段的過程相當耗時，但一開始還是有問題存在。

在引擎生產的第一年實施了許多改良，包括車架強化和腳踏啟動器齒輪的修改。搖臂總成在1938年加上了外殼，到了那時，得到專利的油箱儀表還包括了低油壓和發電機輸出的警示燈。

但61立方英寸引擎最大的問題出在乾式油底殼潤滑，有些地方的油太少，而其他地方如行駛的馬路上，油又太多了。1937年實施了部分修復，但要到1941年74英寸（Model F）的Knucklehead引擎問世，配備了離心式機油泵旁通閥，故障才完全解決。曲軸主軸承在1940年提高了負載率，也許是預期更大的引擎會承受

更多額外的負載。隨著更強大的「74立方英寸引擎」出現，它也帶來了直徑更大（216mm）的飛輪、改良過的曲軸箱、性能提升的七片式離合器，化油器阻風門也加大到28.6mm。到目前，這兩種ohv車款加起來，銷量已經輕鬆地超過了哈雷既有的側閥雙缸車款。如果有繼續發展，Knucklehead肯定會變得更厲害。然而，隨著戰爭在1941年12月爆發，產能幾乎全部轉向於軍用的側閥雙缸車款，ohv車款的開發因此停擺。

哈雷流傳的說法是，最棒的大Knucklehead引擎是在戰爭前一年所生產的，但戰前的準備工作就意味著很少有Model F車款能成功上路，直到1947年，軍事生產才幾乎結束。

毫不意外，第一具頂置氣門「74立方英寸引擎」仍是最珍貴的哈雷街車之一。

然而，到了1948年，一個新的覬覦者出現了：Panhead引擎的時代已經到來了。Panhead終於排除了搖臂蓋漏油的情況，這個問題在Knucklehead引擎上始終沒有完全解決。

HYDRA GLIDE， 1949～1957年

在1948年式中，哈雷大衛森推出了新的Panhead引擎，搭配了改良過的「叉骨式」車架和獨特的「狗腿型」前下管。一年內，它就被哈雷第一款「Glide」車款取代了。

　　儘管保留剛性車尾，但Hydra Glide打破了公司平常對前領連桿式彈簧前叉的依賴。相反的，這是一輛配備現代化油阻尼伸縮前叉的哈雷摩托車。

　　第一款Hydra Glide被吹捧為「最接近飛行的體驗，像太空船一樣現代」，而與先前的車款相比，Hydra Glide其實只能說是稍微有點不同。

　　正如同公司的傳統，

規格	
引擎	ohv V-twin
排氣量	60.32或73.66立方英寸（989或1207cc）
變速箱	4速，手動換檔
功率	大約50／55制動馬力
重量	254公斤
軸距	1510mm
最高速度	大約152公里／小時

■上圖：雖然Panhead的下半座與Knucklehead相同，但汽缸蓋、閥動裝置和供油裝置都是新的。

■最下圖：Hydra Glide的名稱來自於摩托車新的伸縮式前叉，後來便廣泛應用於全世界的摩托車上。

許多細節上的改動都是逐年實施。其中有許多改動都跟外觀有關，但大家最重視的則是引擎和車架的內部運作，導致1957年最終的Hydra Glide與最初的版本有很大的差距。

　　從本質上來說，Panhead引擎包含了新的汽缸和移植到Knucklehead下半座的汽缸蓋。汽缸蓋採用鋁製，還有液壓氣門挺桿，而且還用內部油路取代了Knucklehead的外部管線。

　　這具新的Panhead引擎，與它取代的Knucklehead一樣，有61英寸和74英寸（989和1207cc）兩種版本，分別命名為Model E和Model F。最初的車系有六種版本：Model F Sport Solo、FL Special Sport Solo和FS邊車雙缸引擎，以及61英寸引擎Model E的三種同名版本。全都配備了四速變速箱，而邊車車款的傳動齒輪比較低，壓縮比也經過調降。在發表時，配備彈簧前叉的所有Model E，售價都是635美元。為了慎重起見，命名為ELP和FLP的彈簧前叉車款在接下來過渡性的一年中繼續保留在該車系中。

■下圖：加上電啟動和後避震器之後，就等於一輛Electra Glide，但正牌的 Electra Glide要再過17年才會推出。

■下圖：當 Hydra Glide是道路之王時，可能沒有白色的流蘇，但肯定有白壁輪胎。

　　在近乎上百次的細節調整中，第一次重大改進出現在1950年，當時改良過的汽缸蓋有了更大的氣道，功率增加了10％。61英寸的 Model E在1953年遭到淘汰，到了此時，排氣量比較小的 Panhead，年銷量已經跌到少於1000輛了。同一年，也是公司成立的50週年，針對哈雷大衛森熟悉的「車系中期」下半座進行重新設計，包括對曲軸箱的左右兩半進行重大變更，以及把液壓挺桿從推桿頂部移到底部。1954年推出了新的「直腿式」車架，12個月後推出

FLH Super Sport車款，搭配了氣流通暢的汽缸蓋和8：1的壓縮比。

　　不過即使是FLH，也不會經常磨耗輪胎，它保留了每輛哈雷雙缸車款的低轉速、高扭矩的優點。這些摩托車非常符合美式摩托車的特性，轉向操舵時很笨重、離地高度有限，只有最低限度的制動系統和手動換檔。

　　在造型方面，Hydra Glide走得是純粹的1950年代風格，因為有許多現代哈雷車款的外觀都仿效了它的視覺主題，其中最重要的

元素是「氣流式」前後擋泥板貼近地面的輪廓。

　　1950年開始提供鍍鉻鋼管的車頭「防撞護桿」作為選配配件，一年後也有了「Hydra Glide」的車身標誌，兩者都是仿效最新款FL的裝飾元素。這個車款也有一些早期的「新發明」——像是黑色消音器和前叉外管——這些創新的設計並沒有延續下來，但整體來說，Hydra Glide造成的影響一直延續到了現代。

■左圖：沒錯，這輛1953年的Hydra Glide與2000年的Softail非常相似，這正是復古科技的用意。

FL DUO GLIDE，1958～1964年

■下圖：這依然是Panhead引擎，但隨著Duo Glide的到來，FL在兩端都加上了彈簧。

到了1958年，由於歐洲進口摩托車的強勢競爭力，哈雷的年銷量一直在少得可憐的1萬2000輛徘徊，而陷入了嚴重的困境。雖然當時還不會有人知道，但更糟的是再過一年後，日本的本田就會入侵美國市場。

哈雷的其中一項應對措施是使車系變得多樣化——首先是Model K，然後Sportster也開始從重型雙缸車系朝不同方向演進。但是到了1950年代晚期，後者（FL車款）已經嚴重過時，急需全面大修，結果這個車款只得到了外觀上的小改進。

在Hydra Glide之後，Duo Glide是很合理的下一步。除了真正的油阻尼伸縮式

規格	
引擎	ohv V-twin
排氣量	74立方英寸（1207cc）
變速箱	4速
功率	55制動馬力
重量	261公斤
軸距	1525mm
最高速度	大約152公里／小時

前懸吊之外，Duo Glide還使用了擺動臂後懸吊，因此有了Duo（雙重）這個名稱。這從表面上來看是一項重大改進，不過銷量遠遠輸給了Model K，這是因為Model K是第一輛有後懸吊的哈雷雙缸車款。然而，當Duo Glide在1958年推出時，除了液壓後制動器之外，它能提供的幾乎所有功能，其他摩托車製

造商都已經有提供了，而且品質還更好。

隨著1953和1956年對引擎進行了重大改良，Duo Glide的引擎也被稱作「Panhead Mark II」。新的引擎比1958年以前的版本多了更多散熱片，還有一個升級過的發電機。由於61英寸的Panhead引擎已經停產，所有Duo Glide車款都是搭載74英寸（1207cc）

■上圖：與眾不同的車速表是原創的設計，但手提包則不是。

■左圖：鍍鉻的防撞桿、擋泥板保桿和馬鞍箱都包含在16種哈雷選用配件之內。

■右圖：哈雷一裝上後懸吊，就有一些騎士想把它拆掉。這輛硬尾的1958年Duo Glide與丹尼斯‧霍柏在《逍遙騎士》中的座駕很類似。

■下圖：一輛最初的1961年樣品，展現出哈雷原先想呈現的造型。

的引擎。該車系提供了手動或腳踏換檔的Sport或Super Sport（「H」）供顧客選擇，總共有四種車款。

摩托車配置的核心是一具新的「降低」車架，有更粗的脊骨和後輪雙避震器的安裝處。避震器又包含了油阻尼和包覆在閃閃發光的鍍鉻護蓋裡的彈簧。儘管最初的Duo Glide看起來很像軟尾樣式的Hydra Glide，新車架需要對油箱、工具箱和前叉三角台進行許多修改。

如果Duo Glide的造型無法讓追求更多的車主滿意，

那麼1958年還推出了原廠的「選配組合」，新的Duo Glide有至少九種零配件，包括「鍍鉻」、「道路巡航」和「公路之王」的配件組，還有令人眼花瞭亂的車燈、行李用具及其他裝備。「公路之王」配件組中包含了前後推桿、雙尾燈和雙排氣系統。

不幸的是，Duo Glide的銷量不佳，儘管在哈雷摩托車國內的銷售佔了40％左右，但它特別不適合大多數的出

口市場。Duo Glide在轉彎的操駕不太好，而且煞車力道不足。即便是命名為「H」的Super Sport車款，可選配高揚程凸輪軸和高壓縮比活塞，它的速度也沒有很快。在引擎高轉速時振動非常劇烈，大多時候都無法發揮它的潛在動力。

Duo Glide有著轉速很慢的巨大引擎和迷人的外觀。它無疑是一輛哈雷摩托車，具有這個品牌的所有特性和缺點，而且也具備了不容爭辯的美感。

FL ELECTRA GLIDE，1965年

■上圖：該車系的第一款為1965年的Electra Glide，與早期的Duo Glide差別在於大型的電瓶箱。

在所有哈雷摩托車中， FL Electra Glide肯定是最能體現車種精髓的車款。「FL」的名稱其實是跟1942年第一具74英寸Knucklehead引擎一同出現的，此後便持續留在哈雷大衛森的車系中。以最出色特質備受讚譽的，就是轟隆作響的Electra Glide。

儘管擁有強盛的血統，但最初的Electra Glide只不過是增加了12伏特發電機和電起動器的Duo Glide，至少在一開始，它並沒有證明自己的可靠性。

就像在Panhead引擎到Hydra Glide的推出之間有12個

■上圖：摩托車的速度肯定能遠遠超過12英里／小時（20公里／小時），但是在哈雷的國度，風格與計算能力同樣重要。

月的間隔一樣，哈雷一直等到1966年才為Electra Glide添加了新元素。從生產第二年起，就開始由新的Shovelhead引擎提供動力，搭載了效能更高的「Power Pac」汽缸蓋。最初的樣品使用了合金汽缸蓋的Panhead引擎，該引擎於1948年問世，並繼續驅動了第一輛Glide和十年後的Duo Glide。Hydra Glide是第一款使用伸縮式前叉的大雙缸車款，而Duo Glide則加上了擺動臂後懸吊。

■左圖：在1965年，只要花費1500美元多一點，就能買到哈雷的夢幻車款。

規格：1965至1970年	
引擎	ohv V-twin
排氣量	73.66立方英寸（1207cc）
變速箱	4速
功率	大約55制動馬力
重量	270公斤
軸距	1525mm
最高速度	大約152公里／小時

■右圖：與飛躍性的發展相比，Electra Glide的設計是很保守的，直到1972年才同時有手動和腳踏換檔的版本。

■下圖：最後的Panhead車款，1970年被Shovelhead引擎所取代。

起動馬達本身位於後汽缸後方，並在初級傳動的後方進行嚙合。Duo Glide車架得稍微打開才能容納，但依然沒有空間能容納早期車款的工具組。對於一個從船外機「借來」的裝置來說，令人驚訝的是第一個起動器在潮濕時會出問題，為求謹慎，腳踏啟動器便保留了下來。哈雷後來採用了Homelite起動器，結果證實它更為可靠。

就像所有哈雷大雙缸車款，ohv引擎用叉狀連桿的作動來消除搖晃力偶。初級傳動透過鏈條連接到四速變速箱。排氣量為74立方英寸（1207cc）：目前的87.74立方英寸（1340cc）尺寸要到1970年，才隨著新一代Shovelhead「交流發電機」引擎出現。其他部分幾乎是完全沿用自Duo Glide，配上127mm的白壁輪胎和車側踏板，不過19公升的「Turnpike」油箱則是第一次使用。在四種車款中，有兩個版本保留了手動換檔，直到1972年都還能選用。

簡而言之，Electra Glide從來就不是最先進的摩托車。其實在1966年提供的「道路之王」旅行配件中，需要把後避震器往前移，這損害了Glide車款的操駕性，已經證實是相對無聊的改動。

這是一輛要啟動並維持在最大馬力，讓你能平穩地騎向地平線遠方的摩托車。

FX SUPER GLIDE，1971～1984年

在1960年代晚期，客製化正是王道。特別是在加州，哈雷車主把他們的摩托車拆卸分解，丟掉一個零件後又加入一個新的，打造出後來稱作「混合」摩托車的獨特樣品。這個作法在電影《逍遙騎士》中公開展示了出來，在片中，彼得・方達騎著不羈的「美國隊長」，丹尼斯・霍柏則騎著硬尾式的Duo Glide，兩人一同前往紐奧良。

哈雷的回應令人驚訝又充滿爭議性。當Super Glide在1971年式推出時，它屬於一種很快地被稱為「原廠客製」流派的第一個產品。具有影響力的《騎行誌》雜誌（Cycle）提出了疑問。

「美國摩托車騎士準備好要騎上他人表達自身激進品味的產品了嗎？」雜誌如

■左圖：到了1970年代，客製化蔚為風潮。威利・G的官方版本沒有這輛「美國隊長」那麼浮誇，但它造成的影響卻更持久。

■左下圖：Super Glide一部分是Sportster，一部分是FL，在第一年就迅速竄紅，生產超過4700輛。

此問道，並在測試過新推出的摩托車後，以肯定的答案熱切地回答了自己的問題。Super Glide的影響力是如此巨大，導致幾乎所有主要摩托車製造商都有自己對「原廠」客製的詮釋，但效果總是比不上哈雷的原創產品。從現代的觀點來看，

考量到像是Springer Softail這類車款，FX其實也沒有那麼激進。由威利・G・大衛森發想和設計，它本質上是結合了重型FLH的車架、74英寸的Shovelhead引擎和傳動裝置，外加現存的XLH Sportster的前叉；車尾的造型以玻璃纖維船尾階梯式的座椅，以及一體成型的後擋泥板為主，這種樣式於前一年Sportster車款的選配中初次亮相。雖被廣泛認為是該車款的關鍵元素，但這個設計僅延續了一年，很快就被更為傳統的後擋泥板所取代。

與FLH相比，Super Glide用腳踏桿取代了車側踏板，腳踏換檔也經過調整修改。

■下圖：1974年，Super Glide被FXE取代，雙煞車碟盤於在1979年首度出現。

■最下圖：雖然「船尾式」的車尾是Super Glide最吸睛的特色，但它並不是標準配備，而是選配。

■下圖：後來推出的碟式煞車FX，請注意油箱上的「AMF」商標。

規格：1971至1980年	
引擎	ohv V-twin
排氣量	73.66立方英寸（1207cc）
變速箱	4速
功率	5400轉可輸出60制動馬力
重量	267公斤
軸距	1550mm
最高速度	169公里／小時

兩個排氣管都位於車身右側，低位進氣搭配成對消音器。前輪直徑483mm，後輪406mm，前後配備的鼓式煞車都相當無力。13公升的油箱包含一個嵌入式的車速表。從功能上來說，Super Glide完全不是一輛完美的摩托車，不過它的騎乘和操駕都比衍生車款FLH好太多了。這輛混合車款立刻在市場上掀起熱潮並大賣，第一年就賣出了4700輛，幾乎跟既有的FLH Electra Glide一樣多。兩年後，Super Glide在前後兩端都安裝了液壓碟煞，還使用更硬的彈簧改良懸吊系統。哈雷又在一年後推出了增加電起動選項的FXE車款。1977年增加了日本昭和（Showa）前叉、1978年增加電子點火系統，1979年增加了前煞車雙碟盤，然後在1981年開發出80英寸Shovelhead引擎的動力。Super Glide在生產最後一年的1984年增加了五速變速箱；FXR和FXRS Super Glide II車款也出現在哈雷的存貨之中，銷量輕輕鬆鬆超越了先前的車款。雖然推出Super Glide之後要經過20年，公司的財務才開始好轉，但該車款對哈雷業務的影響怎麼強調都不為過。FX發明了原廠客製的概念，又進而催生出具有里程碑意義的車款，像是1979年的FXEF Fat Bob和12個月後的Sturgis。

警用摩托車

第一輛警用哈雷於1908年出現在底特律市。有著特殊裝備的摩托車要比較久之後才出現，但到了1924年，美國有1400個警察單位至少有一輛哈雷摩托車。兩年後，朱諾大道工廠裡設立了一間辦公室，負責處理賣給警察單位的批發銷售，而藉著這個契機，第一組原廠警用選配組合也出現了。在以前，大部分修改都是由顧客自己進行的。順帶一提，在1929年，加州公路巡警局的第一個訂單是74英寸的Model JD。12個月後，摩托車可以選配最重要的執法裝備：警察專用車速表。到了1935年，共有兩種警用選配組合，可適用於任何大雙缸車款上。

在1950年代，先是Hydra Glide，接著Duo Glide——配備了三種選配組合中的一種——也成為了「標準」的警用摩托車（Servi-Car一度擁有四種不同的選配組合）。在1966年推出的Shovelhead繼承了警車的角色，直到1974年第一輛特製警用車款上市。FL Police本質上是一輛74英寸的Electra Glide，標準配備搭載了警用裝備，在推出那年賣出了將近800輛。

1979年起，80英寸的Shovelhead FLH-80開始取代舊的FLH 1200，成為標準警用車款。到了1982年，哈雷的執法摩托車被簡稱為FLHP，提供了鏈條、封閉式鍊條或皮帶最終傳動的不同款式。

現今的警用車系包括加州公路巡警局的FXRP，以及FLHT Police，其車款分別是基於裝了Evo引擎的Low Rider

■下圖：造型上是有規定的，除非這些
哈雷摩托車的騎士沒在值班，否則它們
肯定不是警用摩托車。

和Electra Glide，而且各自搭載了特殊裝備，包括升級過的電子系統、有顏色的警燈、無線電架以及警笛開關（不過警笛是選配的）。

警察市場的重要性可以從1991年的銷售數據中略知一二，當時賣出了超過1500輛警用摩托車。

FXS LOW RIDER，
1977～1985年

■下圖：Low Rider是由密爾瓦基工廠所打造，但卻是誕生於美國的騎士天堂。

規格	
引擎	ohv V-twin
排氣量	73.7立方英寸（1207cc）
變速箱	4速
功率	60制動馬力
重量	249公斤
軸距	1600mm
最高速度	158公里／小時

如今，Low Rider車系跟Sportster和重型Glide車款一樣，都是哈雷大衛森不可或缺的產品，但一直到1977年，威利・G才推出了第一輛Low Rider車款。從本質上來說，FXS Low Rider是對具有開創性的Super Glide主題進行再造，而這反過來又建構出哈雷大衛森另一個硬體王朝。

在哈雷的宣傳中被形容為「兇狠的摩托車」，FXS是一種新型的客製巡航車款，設計的宗旨是不論在開闊的草原或市中心的大馬路上，都能提供令人滿意的騎乘體驗。車身漆上了威風凜凜的青銅灰，搭配裝在後移式升高座上的直線加速風格平把，仿效無數狂熱車迷過去所創造出的美式手工車。Low Rider（矮騎士）這個慵懶的名稱來自僅686mm的座高，這個特色將於未來再次出現於Hugger車款上。

雖然80英寸的Shovelhead引擎於Low Rider推出的那一年是第一次搭載在FLH Electra Glide上，但FXS最初是由既有的74英寸Shovelhead引擎提供動力。引擎採用了墨黑色塗裝，車殼經過高度拋光；兩條排氣管在新的「1200cc」空氣濾清器蓋下方沿著右側車身往後彎曲，然後透過鍍鉻的單腔消音器將氣體砰然排出；改良過的車架大幅後傾，並配有休息腳踏，讓

■左圖：FXS 1200 Low Rider在推出時被描述為「兇狠的摩托車」。

■下圖：這款1985年的FXRS Custom繼承了由Knucklehead、Panhead和Shovelhead所開創的V-Twin引擎動力傳統。

騎士能伸展筋骨，造型設計是想仿效當今的《逍遙騎士》。

車架組件包括日本昭和伸縮式前叉、鍍鉻後輪雙槍避震器，以及前輪雙碟煞。遺憾的是，儘管後制動器相對來說比較有力，從腳踏板到制動器有很長的槓桿臂，但制動器的效能依然令人擔憂。纖細的前叉很容易收縮，而移動距離很短的後懸吊裝置既粗糙又阻尼不足。任何哈雷重型摩托車，都需要經過一段時間才能獲得最粗略的操駕能力。

然而靈活的操駕並不是FXS的重點所在。這輛車款一鳴驚人，大眾幾乎是在一推出的同時就想購入，才到第二年，銷量就輕鬆超過了Super Glide，生產了將近1萬

輛。顯然，Low Rider的概念已經為多數人所接受，該車種在之後的每一年都能有穩定不斷的改良。在過程中，他們也開發出引人注目的姊妹車款，像是1980年的80英寸FXB Sturgis——就在FXS首次搭載更大的Shovelhead引擎的隔年。

最大的一項創新發生在1983年經過大幅改良的FXSB Low Rider上，「B」代表首次出現於Sturgis車款初級和次級傳動上的芳綸纖維齒型皮帶。

1984年末的少數樣品可能有安裝新的80英寸Evolution引擎，但一直要到1985年的FXRS「Custom Sport」Low Rider，這具大幅改良過的引擎才開始普及。而12個月後，當五速變速箱移植到同一個車款上時，現代的Low Rider車系便已誕生了。

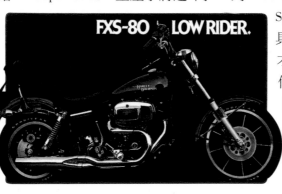

FXS-80 LOW RIDER.

■上圖／左圖：FXS幾乎是瞬間就流行起來，到1978年成為了哈雷最暢銷的車款。

■下圖：雖然是在1992年打造，但這輛Low Rider Sport展現出與原始FXS類似的特徵。

FLT TOUR GLIDE，
1980年

■下圖：早期的Tour Glide很容易就能透過巨大的雙頭燈整流罩來辨識。

就像哈雷的許多事物，Tour Glide並不是突然從哈雷的車系中蹦出來，而是經過演進而來。一個基本要素是80英寸的Shovelhead引擎首次出現於1978年的FLH Electra Glide上。另一個則是在一年後跟著FLH Classic一起出現，作為其標準配備的特殊塗裝、特殊輪胎，以及一整套「Tour Pak」巡航配件。Tour Pak最終成為重型摩托車長途騎乘的標準配備，包括馬鞍包、行李架、「蝙蝠翼」整流罩和鍍鉻防撞桿。

1980年，哈雷將這兩個事物結合在一起，並另外加入一些選用要素，FLT Tour Glide便因應而生。最明顯的變化是把Electra Glide安裝在把手上的整流罩變得更大、保護效果更好，而且改安裝在車架上，並加上雙頭燈；FLT Tour Glide也使用了改良的新車架，帶有「運動

規格	
引擎	ohv V-twin
排氣量	81.6立方英寸（1338cc）
變速箱	5速
功率	65制動馬力
重量	347公斤
軸距	1590mm
最高速度	161公里／小時

■左圖：附加的長距離套件能讓重型摩托車，像是這輛1970年代晚期的Electra Glide演變成Tour Glide車系。

型摩托車」的幾何結構和一個箱形剖面的脊骨。車架由鋼管和鍛件構成，尾端的部分實施了進一步修改，以增加懸吊系統的移動距離。在前端，車架現在延伸到了轉向頭前方，讓整流罩能安裝得更穩固。

比較不明顯的是FLT也提供了許多引擎改良。引擎和變速箱現在並不是獨立存在，而是用螺栓牢牢地固定在一起，能毫無阻礙地得到單體構造的好處。變速箱現在是五速變速，能容納比以往更多的高齒輪比傳動。一種新的摩托羅拉（Motorola）電子點火系統幾乎保證能在任何引擎轉速下穩定運作。

最終傳動依然使用滾子鏈，但現在完全浸泡於自己的油浴中，對長途騎乘的摩托車來說是很有用的優點。鏈條在1984年的FLTC Classic被齒型皮帶傳動取代，並且在隔年成為FL車系的標準配備。

儘管最初存在一些疑慮，使用了類似防彈背心的材料製作而成的芳綸纖維皮帶，在比較輕的V-twin引擎上有不錯的效果。其壽命是鏈條的四倍，成本相近，但不需要處理一堆問題。到了1993年，芳綸纖維皮帶成為了每一種哈雷車款上廣受歡迎的特徵。

如果這個特別的優點在未來依然能維持不變，那麼另一個同樣受歡迎的優點則是第一次出現在最初的Tour Glide上。與以前的固鎖式引擎相比，FLT引擎首次使用巧妙的三點橡膠減振座系統來安裝，目的是為了避免騎士直接感受到大V-twin引擎的振動。從本質上來說，這個設計再簡單不過，但成效卻改變了摩托車，讓它比以往任何大雙缸車款都更平穩好騎。

在1980年，口袋只要有6013美元，就能買到這輛無疑是哈雷所打造過最平穩、舒適，裝備最豪華的摩托車，而這是一輛專為輕鬆征服長途旅程而打造的載具。

Tour Glide也許不符合所有人對摩托車的看法，但它開啟了哈雷豪華旅行摩托車的盛世，讓製造商對手再次表現出最高形式的讚美：多數製造商都開始想複製這個車款。

■上圖：FLTC Classic在1981年推出，隨後又推出了更多Tour Glide的變體車款。

■左圖：所有Tour Glides都配有五速變速箱和引擎橡膠減振座。自1984年起，Evo引擎又帶來了進一步的改良。

Sportster

如果說最初的Model K已經過時了，那麼取代它的摩托車便已經成為了傳奇。883cc的XL Sportster於1957年推出，在各方面都是一輛更為出色的座駕。Model K使用的是Flathead引擎，而Sportster則是頂置氣門引擎。引擎和變速箱現在是內置單體結構（這項改良讓哈雷擊敗了許多對手），並搭載了全擺動臂後懸吊和汽車式避震器，讓早期的Sportster能作為道路及越野兩用車款出售。XL迅速竄紅，上市第一年的產量就佔了哈雷年度總產量的五分之一。

除了達到對性能的期望，Sportster也很注重外型，它細瘦、堅決的線條，外加極簡風格的油箱和吵鬧的短排氣管，就連在現代也幾乎沒有改變。

從Model K上得到教訓後，哈雷大衛森並沒有在新的Sportster上卻步不前，每年都進行了改良。1967年引入第一輛電起動車款，1968年增加了更多動力，1972年再度增加，並首次推出1000cc的版本，最終在1983年達到巔峰，深具魅力的XR1000誕生了。等到Evolution引擎車款於1986年問世時，有883和1100cc的引擎可供選擇，後者最後又擴大到了1200cc。

車種的起源

在側閥Model K徹底失敗過後，Sportster車系像一陣神清氣爽的風席捲了美國。它的核心是頂置氣門引擎，排氣量是883cc，與現代的XL車款相同，但是在以前那段日子裡，汽缸筒和汽缸蓋都是由沉重的鑄鐵所打造，汽缸蓋裡有半球形的燃燒室。

　　每個閥都有自己的齒輪傳動凸輪軸，透過「高速賽車」滾輪挺柱和實心推桿來控制閥。一個林克特（Linkert）單化油器將混合氣體送入汽缸，裡面的淺圓頂活塞有7.5：1的壓縮比。在1957年，峰值功率是40制動馬力左右，但隨著氣道經過修改的高壓縮比「H」和「CH」版本而大幅上升，據說在1960年代中期，6800轉時能達到58制動馬力。

■右圖：1957年，最早的Sportster是原始的側閥Model K的巨大躍進。

規格：XL Sportster 1957	
引擎	ohv V-twin
排氣量	883cc
變速箱	4速
功率	40制動馬力
重量	199公斤
軸距	1485mm
最高速度	152公里／小時

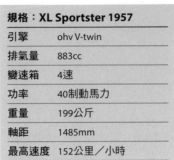

　　在外型上，即便是裝備完善的XL版本，也都能維持摩托車最細痩的模樣。如果以整體來看比較沒有說服力的話，那單看車架就行了。鋼管和鑄鐵車架的組合加上「輕鬆騎乘」的伸縮式前叉、後輪雙槍避震器，以及用圓錐狀滾子軸承作為樞軸的擺動臂。

　　事實上，它的操駕性不算是很棒，不過對哈雷來說Sportster很輕，而且夠低矮。改良過的前叉從1968年開始協助改善了操駕，但XL一直到1982年得到更輕、更堅固的車架後才開始乖乖聽話。到了此時，最早生產的車款已經開始老化了。第一批Sportster在當時不輸街上任何其他摩托車，而且每輛售價1103美元，幾乎可說是「競賽熱『銷』」。到1960年代晚期，它已經輕鬆地成為哈雷最暢銷的車系了。

■上圖：多變的「H」代表高壓縮比，也是特別強調這輛摩托車很熱門。

■左圖：到了1970年，本田CB750上市了，而XL的煞車性能還是很無力，性能也相對較差。

■下圖：XL車系中很少有精細微小的細節，有助於構成簡單的線條。

■左圖：XLCH常被稱為「競賽熱門」，Sportster仍是唯一使用單體構造引擎的哈雷摩托車。

Sportster搭配Evolution引擎

從1957年推出以來，XL Sportster就一直是哈雷大衛森的銷售主力。在一年內，高壓縮比的XLH Sportster Sport、傳奇的 XLCH「競賽熱門」，以及精簡版的XLC Sportster Racing，都加入了原廠Sportster的行列。也許令人驚訝的是，XLC Sportster Racing原本是為了越野用途設計，但僅生產了短短一年。

XLCH最初是為了在野外奔馳而生，配備了8.2公升的「花生型」油箱、大氣門、點火磁電機——既沒有照明設備、車速表，也沒有電池。一年後，它被配備了完整道路設備的XLCH取代。細節上的變動包括在1965年換成12伏特的發電機，比第一輛搭載電起動的Sportster早兩年。

1971年，先前的乾式離合器被濕式離合器所取代了。第一輛1000cc的摩托車是1972年的XLH／XLCH Super H和Super CH，額外的排氣量來自缸徑增加的4.5mm，提供了大約60制動馬力。XLT Touring於1977年問世，配備了馬鞍包、高把手和更厚的座椅。第一年生產了超過1000輛，第二年僅生產了6輛，兩年後便被XLS Roadster取代，配備了加長的前叉、休息腳踏和406mm的後輪。那一年可能會以傳奇般XLCH的最後一年被人們所銘記。一個持久的混合方式是1980年的Hugger選配組合，提供更好的避震和更輕薄的座椅。影響力同樣深遠的XLX 61於1983年誕生，是XLH 1000的精簡低價版本。從那時起，生產低價的「入門」車款就成為了哈雷的銷售策略。當883和1100cc的Evolution車款於1986年問世時，這將成為Sportster故事中新篇章的起點。

■左圖：最早的Sportster車款於1957年生產，受到Model S啟發的油箱之後才會推出。

XLCR Café Racer，1977～1978年

如果黑色代表美麗，那麼XLCR就可說是絕美無比，它的顏色是如此漆黑，幾乎是吸收了光線，Café Racer是威利·G·大衛森對以往主題的巧妙改造，在這個例子中是對1972年首度出現的基本款1000cc Sportster進行重新設計。當它在1977年式推出時，XLCR看起來就像一輛全新的摩托車。

其核心是把當時最大的XL引擎移植到重新設計過的引擎架上，加長的車架尾樑使得避震器能夠安裝得比以往更為垂直。最引人注目的是「黑上加黑」的塗裝，這包括亮黑色車身、墨黑色引擎漆面，以及黑色的聯接式排氣管。

14.5公升的油箱是XLCR特

有的，玻璃纖維「比基尼」整流罩和單人座椅也是。後者最終演變成賽車造型的「臀擋」座椅，而雙人座

的選項在1978年出現。標準配備還包含了鑄鋁的莫里斯（Morris）車輪，以及後置的「仿賽車」腳踏板和腳踏換檔。

把避震器調整成更為垂直，在改善Sportster一直以來馬馬虎虎的操駕性上，並沒有什麼特別的成效。

同時也為了特別需要改良的制動力安裝了雙液壓煞車碟盤，結果碟盤的煞車力雖然算是適中，但感覺起來

■上圖：時髦的XLCR以及「仿賽車」腳踏板並沒有造成哈雷所期望的熱銷。

■下圖：事實上，XLCR是重看不中用。

規格	
引擎	ohv V-twin
排氣量	992cc
變速箱	4速
功率	大約60制動馬力
重量	245公斤
軸距	1485mm
最高速度	177公里／小時

還是不夠。

在視覺上，這輛「頂尖Sportster」非常出色。確實，它的外型並不符合每個人的品味，但大多數摩托車騎士都會對這輛黑色的時髦交響樂章投以欣賞的目光。儘管XLCR能夠吸引大眾的目光，但它並沒有得到巨大的成功。

一方面，多數哈雷死忠粉絲覺得它的外型過於激進，另一方面，更多無特定偏好的買家發現日本和義大利製的摩托車更能有效傳達運動摩托車的形象和性能。儘管如此，XLCR現在已經是一輛令人渴望擁有的經典車款，即便它的定位在當時既不是復古的哈雷車款，也不是一輛運動摩托車。

能輸出約60制動馬力，最高速度將近177公里／小時，XLCR絕對不是慢郎中，但赤裸裸的事實是它的速度至少比競爭對手的運動摩托車慢了40公里／小時，操駕性和制動能力也無法匹敵。更糟的是，XLCR可說是集AMF年代的所有缺點於一身。當時的試乘體驗可能會稱讚該品牌擁有「不可思議的魔力」，但他們同樣會批評Café Racer（及其姊妹車款）是「成品令人慘不忍睹，而且非常不可靠」，通常還會加上「售價貴得離譜」。

到該車款短暫的盛世結束時，哈雷大衛森在美國摩托車市場的市佔率已經跌落至微不足道的4%，但還要再過幾年時間，這間重生的公司才要開始認真面對製造上的缺點。這並不全是XLCR的問題，它總共只生產了3124輛，但這個車款確實展現出了哈雷大衛森的問題——美麗必須深入內在。

XR1000 SPORTSTER，1983～1984年

XR1000於1983年3月在代托納公開亮相，是哈雷車迷所能買到的最接近XR賽車的道路版本，即便到現在仍是許多人心目中最頂級的哈雷Sportster。這應該毫不意外，因為這輛大型XR街車是在迪克・歐布萊恩所帶領的官方工廠賽車車坊所設計的。歐布萊恩自1957年以來一直管理著哈雷的賽車活動，並監督著XR750賽車生涯的每一刻。

售價6995美元的XR1000並不是一輛帶有車燈的大缸徑工廠賽車，但它依然非常特別。引擎採用一般的Sportster下半座，再加上特製的汽缸筒、汽缸蓋、燃油和排氣系統。鋁製汽缸蓋

■右圖：XR1000可能是AMF時代所有車款中最珍貴的一款，是賽車經理迪克・歐布萊恩對哈雷街車的主要貢獻。

是根據XR賽車所打造，據說每個汽缸蓋都運送到洛杉磯，由傳奇調整技師傑瑞・布蘭屈（Jerry Branch）調整氣道和拋光。

導進由36mm、帶有加速泵的Dell'Orto雙化油器控

■左圖：不完全是一輛道路版本的XR750賽車，但在外觀上，XR1000相當接近。

規格	
引擎	ohv V-twin
排氣量	998cc
變速箱	4速
功率	70制動馬力
重量	221公斤
軸距	1505mm
最高速度	185公里／小時

制，每個化油器都透過位於引擎右側，氣流暢通的巨大K&N空氣濾清器吸入空氣。雖然安裝的是原廠的Sportster凸輪軸，但閥間隙有透過賽車用的偏心搖臂軸進行了調整，推桿也使用了特殊的輕合金材質。頂部凹凸不平的活塞能達到9：1的壓縮比，擴音器形狀的黑色成對高位

■右圖：這輛樣品泥地賽事造型的後擋泥板和座椅是訂製的，看起來非常出色。

■下圖：這個造型就好多了，塗漆是傑伊・史普林斯汀、史考特・帕克等其他冠軍車手所使用過的顏色。

■下圖：奇怪的是，哈雷大衛森直到1984年才提供了XR的經典橘色和黑色賽車塗裝，相較之下，這輛外型偏向標準的摩托車看起來就很單調。

排氣管在摩托車的左側隆隆作響。

這具訂製引擎的紅線轉速是每分鐘6200轉，但根本不需要把轉速提升到那麼高，因為動力的分布非常廣大。

5600轉時能到達峰值功率，但引擎從低至2000轉就展現出強大的加速。最大扭矩為65牛頓米，此時的轉速僅4400轉。車速表僅校準至177公里／小時，一輛不錯的XR應該能輕鬆達到這個速度。

靠著能提供超過90制動馬力的性能選配套件，動力表現幾乎可說是完全沒有極限。

事實上，XR的車架完全不像引擎那麼令人印象深刻。車架和傳動裝置是以XLX 61為基礎而打造，這也是1983年的新車款，配有9條輪輻的483mm鑄輪前輪和406mm的後輪。後懸吊由品質普通的雙槍避震器控制，只能調整彈簧預載。懸吊移動距離很短，作動猛烈，讓XR在崎嶇地形費力騎乘時會有些緊繃。然而，其制動系統肯定是當時哈雷安裝在任何街車車款上最好的，而且在1984年還得到進一步改良。

哈雷在該車款推出的第二年提供了黑橘相間的「原廠」賽車塗漆和原本的鋼灰色讓消費者選擇。對一輛如此優秀的摩托車來說，這看起來是很適合的塗裝。

作為哈雷大衛森工廠所出產過最頂級的運動摩托車，XR1000的統治於1984年該車款停產時結束了。

XLH 883，1986年～今

在1983年作為XLX 61推出時，售價不到4000美元的基本款Sportster正是以往哈雷明顯缺乏的入門級摩托車。這是一輛密爾瓦基工廠出產的貨真價實的摩托車，價格幾乎所有人都能負擔。在1986年，隨著Evolution引擎出現在Sportster車系中，以及XLH 883的推出，這筆交易似乎越來越划算了。

　　最小的Sportster是最後一款受惠於哈雷改良浪潮的車款，但在1992年後的短短兩年內，哈雷大衛森的廉價超級摩托車就從公司旗下最沒人想買的產品，搖身一變成稱職的摩托車。在兩個季節間經歷了幾十個細節上的改進，但有兩個特別明顯。首

■左圖：XLH 883是馬路上最酷的東西。

規格	
引擎	ohv V-twin
排氣量	883cc
變速箱	5速
功率	52制動馬力
重量	222公斤
軸距	1530mm
最高速度	166公里／小時

先是在1992年第一次搭載五速變速箱，而12個月後則出

■左下圖：沒有不必要的裝飾、流蘇、也沒有華而不實的小玩意兒，XLH 883是哈雷車系中最真誠的車款。

■右下圖：最便宜、輕巧、最容易駕馭的哈雷摩托車，深受男女騎士的喜愛。

現了皮帶最終傳動。

　　增加的檔位將最小的哈雷從一輛相對嘈雜、匆忙的摩托車，變成了一輛更為悠哉的機器，還有換檔更順暢的額外好處。齒型皮帶傳動讓摩托車更加平穩，還有不太需要維護和乾淨的優點。

　　由哈雷大衛森和負責生產皮帶的蓋茨公司（Gates）率先嘗試，最初搭載皮帶的摩托車引起了一定程度的懷疑。然而，多虧了非常先進的芳綸纖維增加了皮帶的韌性，現在使用壽命至少是鏈條的四倍，成本也很接近，

■左上和上圖：儘管這是該車系中最後獲得五速變速箱和皮帶最終傳動的車款，但搭載Evolution引擎的883，銷量一直都很好。

而且幾乎不會發生故障。這麼做是為了讓XLH的好表現更上一層樓。沒有流蘇裝飾，也沒有不必要、華而不實的零件，只有簡單、滿足單人騎乘的功能。

當然，跟所有哈雷一樣，上述的功能與速度、操駕或煞車的關係都不大。883本質上是一輛縮小版的巡航車，其低調的姊妹車款Hugger更是如此。它能維持著一股酷勁，同時能讓騎士在盡可能減少對環境污染的情況下仔細欣賞內燃機最細緻的運作。

883cc引擎的峰值功率大約是52制動馬力，此時轉速很明顯是穩健的5500轉——也就是在達到最大扭矩70.5牛頓米的1000轉之後。加速的感覺是輕快，而不是強烈的，儘管充足的扭矩意味著總是有動力能夠運用。

這輛摩托車也許比哈雷生產的其他摩托車都小，但幾乎在任何轉速下都能催足油門，然後Sportster就能以同樣無法抑制的動力向前衝刺。由於沒有某些大型車款上所搭載的橡膠減振座，在高轉速時引擎的振動可能會很強烈。毫無疑問地，883車系代表了優秀的品質和價值。

除了基本的883以外，還有Hugger——可追溯至1979年的衍生車款，之所以這麼稱呼是因為它的車身更低。這些車款幾乎不會貶值，只要稍微照顧，基本上永遠也不會壞。然而最重要的是，在最初的XL推出40多年後，883能夠延續設計同樣簡潔的優點。對於一款傳奇摩托車來說，883真的是買到賺到。

■左圖：一輛1996年的Hugger 883，車身甚至比原廠的Sportster更低。

XL1200S SPORTSTER SPORT，1996年～今日

到了1990年代中期，著名的Sportster家族即將迎來40歲生日，而且已經開始略顯疲態。的確，Evolution V2引擎的技術在1987年式已經進到了舊XL的良駒，883和1100 Sportster身上。12個月後，哈雷大衛森推出了Sportster家族中1200cc的第一種車款XLH，基本上是舊的1100cc引擎，缸徑從85.1增加到88.8mm，衝程維持在96.8mm，與883 Sportster相同。除了在1991年，Sportster的大部分款式都更換為五速變速箱和皮帶傳動之外，該車系在1996年1200S出現前基本上都是維持不變的。

最初生產的Sportster Sport可能是欠缺臨門一腳才

■左圖：經過比較排序之後，Sportster Sport代表著哈雷大衛森在引擎動力、操駕和煞車技能方面有飛躍性的提升。

規格	
引擎	ohv V-twin
排氣量	1203cc
變速箱	5速
功率	75制動馬力
重量	235公斤
軸距	1530mm
最高速度	177公里／小時

■下圖：Sportster Sport非常受歡迎，照片中的1998年車款讓狂熱愛好者盼望已久。

沒有成功。一開始，最主要的區別在於前後兩端都採用了完全可調整的改良懸吊組件，搭配了更軟、抓地力更好的輪胎。Sportster的車迷得再等兩年，這個車款才能真正攀上巔峰，但1998年的Sportster Sport肯定值得等待。廣義上來說，該引擎與之前Sportster的引擎相比，幾乎沒什麼變化，同樣擁有液壓挺桿、乾式油底殼和初級傳動的三排鏈條，帶動濕式的多片式離合器和齒形皮帶最終傳動。1200S的總減速齒輪比自然會比較高：2.103：1，而883則是2.259：1。

然而，在對引擎進行全面改造後，於該雙缸引擎2000至5500轉的運轉範圍內，扭矩數據平均提升了15％。該車款在車架和引擎上都有所改良了，終於能實現

■右圖：俐落的線條很常見，但請注意在這輛早期樣品和下圖的2000 Sportster之間改良的卡鉗。

身為「Sport」的抱負。

在這些改良中的關鍵要素是一個全新的點火系統，在每個汽缸中點燃的不是一個，而是兩個火星塞，在燃燒吸入的燃料氣體混合物時能更快、更有效率。雖然保留了傳統化油器，但透過電子管理系統進一步改善了燃燒控制，這個系統甚至比安裝在其姊妹車款上的V Fire III更複雜。

除了更加凹凸起伏的活塞，改良後的引擎也受惠於更大、限制更少的排氣系統，以及新的凸輪軸設計。凸輪軸提供了更高的揚程，開啟時間也更長，再次加強提升了中段轉速的扭矩。哈雷在 4000轉時的最大扭矩可以達到106牛頓米，比883高出超過50％。不只是功率特性有了很大的提升，油門

反應也變得更好了，Sport感覺起來甚至比數據顯示地更強大。1200S渾身充滿一股Sportster應有的狠勁和肌肉，正如簡潔俐落的線條和低調的黑色引擎所強調的。而且這不是虛有其表，因為雙火星塞的Sport配件組能提供貨真價實的力量。

■左上圖：最早的一輛1200S，後來推出的版本經過升級。
■右上圖：Sportster騎乘起來真的是一種享受。

總的來說，XL1200S不僅是多年來最棒的XL，而且可能也是哈雷重新找回Sportster根源的車款，為該車系增添了一位強大的生力軍。

■左圖：回到根本：XL1200S。

Softail

　　哈雷在1984年推出的Evolution V2引擎為公司的命運帶來了一場革新，而1998年推出的Twin Cam引擎在工程研發方面才是具有真正的革新，這種諷刺的情況正是哈雷經常碰上的。再來是Twin Cam 88和配備平衡軸的兄弟車款88B──創新到或許應該稱之為Revo V2引擎。該開發計畫花了四年和400萬公里的測試里程才開花結果，研發出的引擎在450個零件中僅有18個與80英寸的Evo引擎相同。成品與前身相比，優點就像Evo與Shovelhead相比一樣多。如果其表現能有Evolution V2一半那麼成功，那哈雷大衛森就能對未來抱持著信心。

　　如果說Evolution V2引擎獲得了成功，那麼它首次搭載的車款肯定也是如此。Softail是哈雷車系中光彩奪目的造型之王，而其中最早出現的車款就是1984年具有開創性的FXST Softail。「復古科技」在概念上是偏向現代，但卻是以一種一眼就能認出的「經典方式」執行和設計。為了製造出硬尾的錯覺，哈雷工程師設計了一個巨大的三角後擺動叉，雙槍避震器則藏在看不到的引擎下方。簡潔的整體線條強調了從轉向頭到後輪主軸的一抹優雅，加強了硬尾的視覺效果。然而從視覺上看，造型起源於1949年的Hydra Glide，這是第一輛有伸縮式前叉的哈雷車款。如果說有任何現代摩托車適合停放在1950年代的美式餐館外，那麼肯定是Softail，直到更搶眼的1988年Springer Softail將同樣的復古概念實施在前叉上。復古科技自此成為哈雷麾下的第四大主題，與Sportster、Dyna和Glide齊名。事實上在所有哈雷車款中，Softail總是供不應求。

FXST SOFTAIL，1984年

多年以來，某些摩托車以令人難忘的特質而一枝獨秀，在摩托車展上吸引人們圍觀欣賞。本田最早的CB750F就是其中之一，杜卡迪（Ducati）美麗的916也是如此。近年來，哈雷大衛森同樣特別的車款，從1984年開始肯定就是第一款Softail。的確，每個人對各款哈雷摩托車的美各有其見解，但FXST的美是自成一格。

Softail雖是根據現有的FXWG Wide-Glide發展而來，從外觀上來看會覺得差距好像有點多，讓騎士不知道該從哪裡欣賞起。他們是盯著全新的Evolution V2引擎不放，還是仔細打量有著奇怪美感的車尾？其實很可能兩個地方都會看，直到今日，Softail依舊是人們渴望

規格	
引擎	氣冷式ohv V-twin
排氣量	81.6立方英寸（1338cc）
變速箱	4速（後來變成5速）
功率	69制動馬力
重量	274公斤
軸距	1685mm
最高速度	170公里／小時

■右上圖／右中圖／右下圖／上圖：Softail最早的版本搭載了Evo引擎和四速變速箱，儘管當時的FL就已經有五速變速箱了，而且還從一開始就保留了一個腳踏啟動器。

得到的車款。

Softail的後懸吊系統

是基於以往主題觸類旁通的巧妙之作，由顧問工程師比爾·戴維斯為哈雷設計。從本質上來說是一個倒置的懸臂樑車尾，其中一個三角形

■左圖：1984年的FXST採用了假硬尾，是第一款真正的「復古科技」車款，該車系從此成為這類車款中最時髦，也最令人嚮往的。

■右圖：根據現有的Wide Glide車款所設計，Softail在外型上與任何日本製的飆速摩托車一樣驚人。

的總成是以頂部靠近座椅的地方為樞軸轉動，而不是一般的位置，一對昭和充氣式避震器隱身於引擎下方。配置與功能無關，但跟造型風格有很大的關係，Softail完全展示了這一點。儘管雙阻尼系統本身就有空間上的限制，但Softail 103mm的後懸吊移動距離其實比任何哈雷車款都還要多。

雖然1984年早期的一些Softail可能是搭載了Shovelhead引擎，但之後的每一輛都是使用皮帶驅動的Evo引擎。靠著全新的輕合金上半座，新的大雙缸引擎在5000轉時能輸出大約70制動馬力，在僅3600轉時能產生摧枯拉朽的114牛頓米的扭矩。實際上，動力的分布是如此廣大，幾乎沒人抱怨1984年的產品只能湊合使用四速變速箱。1985年安裝了五速齒輪

組，這個時候還出現了更輕的隔膜彈簧離合器。

車架的特點是1685mm的巨大軸距，以及甚至比Low Rider的座椅還低25mm的座高。燃油則是裝在熟悉的球根狀Fat Bob兩件式油箱中，從中線分開，中間裝了一個車速表。車輪是鋼絲輻條，前輪533mm，後輪406mm，各自裝有一個液壓煞車碟盤。與當時的Glide不一樣的是，80英寸的引擎是採用固鎖式安裝，不過橡膠絕緣把手和腳踏板某種程度上彌補了這一點。Softail也許很時髦，但騎乘起來可不平穩。

高度很低的鞍座和往前安裝的休息腳踏促成了一種很合適的悠閒騎乘姿勢，至於操駕性……好吧，Softail沒有操駕性可言，它只是轟隆隆地從A地駛向B地。前後兩端的懸吊是嚴重地阻尼不足，前叉的特點是又軟又不穩，而車尾老實說是一種磨難。但長軸距和保守的轉向幾何多少能維持穩定性。

至少從表面上來看，Softail到今日似乎都沒什麼變化，這是考量到設計概念整體正確性所採用的做法。這掩蓋了自FXST推出以來哈雷在生產品質和細節方面所做出的巨大改進。

最重要的是，這輛啟發自後現代設計的摩托車迅速竄紅，得到極大的成功，這是不容忽視的事實。

雖然不是哈雷打造過最實用的車款，但肯定可以說是最吸睛的，而且更是最珍貴的。

■左圖：1987年推出的Softail Custom是許多受到FXST啟發的車款中的第一款。

FXSTS SPRINGER SOFTAIL，1988年～今日

■下圖：任何一輛Springer都拒絕被忽視，尤其像是用流蘇和鍍鉻來裝飾的這輛摩托車。

在1987年晚期，摩托車界注意到了哈雷的新車款，且大感驚訝。1988年式推出的Springer Softail看起來跟過去40年推出的新車完全不同。大眾所習慣的伸縮式前叉一去不復返，取而代之的是由閃閃發亮的鍍鉻鋼構件、連桿組和彈簧交織而成的格狀結構，被稱為「Springer」，看起來既大膽又超乎現實。

Springer車頭的樣式延續自從1920年代前到1940年代晚期幾乎所有摩托車上都會搭載的哥德式前叉，但科技和細節都是全新的。哈雷使用電腦輔助設計和最新的原料，建立了一個系統，不僅提供了可接受的懸吊移動距離（約100mm）和懸吊控制，還給了設計師自由發揮的空間，創造出年度最佳造型。

現在前後兩端都應用復古科技：前方的Springer和後方的Softail線條。引擎是強悍的80英寸Evo，為了它的新角色而改變造型，並配備了交錯的雙排氣短管。

就像所有「傳統」的Softail車款，新的Springer搭載了懶散到難以操作的轉向幾何。在這個狀況中，一個小角度的32度轉向頭能得到133mm的長曳距，軸距

■上圖：一個現代的阻尼器元件（貼著哈雷貼紙）負責控制Springer前叉的作動。

■左圖：沒有人會假裝Springer具有最先進的操駕性，但能在陽光下騎乘巡航，誰還會在意操駕性呢？

規格	
引擎	氣冷式ohv V-twin
排氣量	81.6立方英寸（1340cc）
變速箱	5速
功率	69制動馬力
重量	284公斤
軸距	1640mm
最高速度	161公里／小時

■右圖：Springer一直是獨一無二的，第一年生產了大約1350輛，而其他Softail車款則生產超過1萬4000輛。

■右下圖：選配的擋風板、飾板和行車燈，讓這輛Springer的車主更加拉風。

■最下圖：售後市場的魚尾消音器和雙色塗漆讓這輛Springer看起來跟1946年的FL一模一樣。

則是瘦長的1640mm。與標準Softail不同的是，Springer搭配的是轉向操舵很慢的533mm前輪，後輪則是406mm，這樣的成果肯定不能說是現代懸吊系統最尖端的性能。任何Softail車款的車尾騎起來都缺乏舒適度，尤其是在高速公路的接縫處，而近代哥德式前叉的控制甚至比不上Fat Boy巨大的伸縮式前叉。

如果1987年是Springer首次亮相，那麼1997年就

象徵著它公認最輝煌的時刻。1997年的FLSTS Heritage Springer Softail除了在標準配

備中提供像是皮革馬鞍包這類實用的配件之外，還結合了更多復古造型和復古科技。當時的廣告宣傳大肆讚揚著：「使用了大量鉻件與皮革，Heritage Springer Softail渾身充滿懷舊情懷。」從鍍鉻的魚尾消音器到包覆極深的擋泥板和白壁輪胎，這個車款確實很復古。即使是快速瞥一眼，成果也是相當出眾，細節水準更是非凡。

最終的原廠客製成品與最初的Super Glide相比有了長足的進步，正如那句名言：「這是摩托車還是藝術品？」

FLSTN HERITAGE SOFTAIL NOSTALGIA，1993年

於1993年式發表時被稱作「Cow Glide」，限量版的Heritage Nostalgia是哈雷摩托車最豪華車系中最最華麗的化身。這個稱號來自其毛茸茸的黑白相間天然牛皮座椅和加掛的馬鞍包，以及更多造型上的巧思。難怪它的開發者會如此形容這個車款：「毫無疑問，這是哈雷1993年車系中外觀最獨特的摩托車……看起來很復古……卻是完全現代化。」這種做法已然成為了成功的公式。

當然，「現代化」在哈雷大衛森時空異常的奇妙世界中代表著不同的東西——例如1940年代的白壁輪胎和前叉。從1986年開始應用以來，Heritage Softail的配件組就試圖用「硬尾」車尾和閃

■上圖：搭載了普通的80英寸Evo引擎，但Nostalgia配件組使該車款變得與眾不同。

■下圖：「Cow Glide」是衍生自原廠的Heritage Softail，在這張照片中與一輛Low Rider一起巡航。

閃發光的金屬前叉護蓋來重現1949年Hydra Glide的外觀。

精緻的細節通常不是一般人會期望從一輛將近三分

規格	
引擎	氣冷式ohv V-twin
排氣量	81.6立方英寸（1340cc）
變速箱	5速
功率	69制動馬力
重量	322公斤
軸距	1630mm
最高速度	161公里／小時

之一噸重的機具中得到的，但這是一輛哈雷摩托車，因此油箱標誌是一種名為「寶石景泰藍」的特殊燒製琺瑯。但在本質上是Heritage Softail Classic經過更多客製化的變體，只提供了樺木白和黑色兩種塗裝，搭配黑色和鍍鉻的引擎裝飾。動力由同樣的80英寸Evo引擎提供，僅5000轉就能輸出同樣的69制動馬力。與1993年車系其他產品相同，Nostalgia受惠於更高的最終傳動，能在巡航速度下降低轉速。改良過的制動器、離合器桿、主汽缸視鏡和一個更靈巧的新引擎通氣系統也在同一年式推出。

騎乘的感受無可避免地與其他Softail車款非常相似，尤其是Classic或Fat Boy，轉向幾何、前叉、車側踏板、把手，幾乎所有面

■左圖：不是寶石景泰藍，但有大量皮革和飾釘：一輛標準的Heritage Softail。

■左下圖：「Cow Glide」的稱號來自Nostalgia的黑白相間隱藏細節。

■最下圖：有人說懷舊跟以前不一樣了，沒錯，在這個情況中是變得更好了。

向都很類似。唯一顯著的差別在於油箱比基本Softail車款的大了將近1公升，摩托車總重量也多了42公斤。

由於Cow Glide非常重，懸吊彈簧必須要非常軟，因此操駕性是介於不慌不忙與笨重之間。碰到顛簸時，轉向操舵很模糊，而每當道路變得起伏不平時都會伴隨著緩慢的搖晃。至於制動器，

只要小心騎乘就很夠用了。

由於Softail引擎並沒有使用橡膠減振座安裝，即便

總減速齒輪比較高，在轉速接近頂點時也會發生振動。

乍看之下，多數人都會將剛出廠的Nostalgia看做是1949年製造的真品。哈雷復古的功力就是這麼屬害，但限量版的Nostalgia僅生產了2700輛。即使售價為1萬3000美元，這些非常受歡迎的車款依舊是完全供不應求。二手「Cow Glide」Nostalgias很快就開始以遠超出售價的價錢轉手，代表威利‧G‧大衛森和他的員工又打造出了另一輛傑作。

FLSTF Fat Boy，2000年

■左圖：自1990年推出以來，Fat Boy 406mm的實心圓盤輪就讓它變得與眾不同。

FLSTF有406mm的實心圓盤車輪，優雅的線條和大膽卻低調的塗裝，可說是所有復古科技中最酷的。在2000年，Fat Boy跟其他Softail車款進行了從1984年開始生產以來最大的重組，舊車款只有少數零件被保留下來。新的千禧年表示高貴的80英寸Evo引擎的終結，以及所有重型車系都開始採用Twin Cam 88引擎。

不過這可不是普通的Twin Cam引擎。該引擎被命名為88B，與「現存的」88是並行開發，使用了基本上是一樣的上半座，包括相同的缸徑和衝程大小，以及同樣的88.42立方英寸（1449cc）排氣量。不過下

■左下圖：只有哈雷才能幫摩托車取一個具有貶義的名稱——還能讓它大賣。

半座則是有從未出現在其他哈雷上的硬體：反向雙平衡軸。裝有偏心配重的軸緊密地安裝在曲軸箱內，以跟曲軸相反的方向旋轉，來消除主要的引擎振動。

這是必要之舉，因為Softail後懸吊幾乎是要求把引擎用固鎖式的方法安裝到引擎架上。因此，在其他重型車款上效果很好的橡膠減振座並不是一個可行的選項。

打從一開始，Softail就一直受到嚴重振動的損害，尤其是在高轉速的時候，進而降低了長途騎乘的能力。而駕駛性能在88B上獲得了顯著的提升，提供真正長途旅程的舒適度。為了與此相稱，燃油容量增加到19公

規格	
引擎	氣冷式ohv V-twin
排氣量	88.42立方英寸（1449cc）
變速箱	5速
功率	63制動馬力
重量	302公斤
軸距	1637mm
最高速度	170公里／小時

■左圖：在最初的車種，擋泥板飾板、靠背和馬鞍包都不屬於標準配備。

■右圖：Fat Boy其實沒有比其他Softail車款胖，而且它的車身線條更簡潔，正如這些已停產的Evo版本所清楚顯示的。

升，油箱現在是一件式的，排除早期雙加油孔的干擾。

　　儘管不比Twin Cam Dyna和Glide有力，但88B提供了更大的動力和扭矩，並大幅提升了操控性。升級的變速箱內部組件能更滑順、更輕巧的換檔，更好入空檔，變速的噪音也更少了。

　　車尾的部分，新的傳動皮帶比以前更堅固耐用，但28mm的截面寬度比以前窄了6mm。這能夠搭配更寬的後輪胎，但在側傾角小於30度的情況下，車身幾乎不可能會刮傷。

　　除此之外，2000年的Softail採用了全新的車架，比以前更硬，但只用了以前車款一半數量的零件（只有17個）製作而成。再加上重新設計過的擺動臂，同樣能讓騎乘更穩定。說到要讓這輛300公斤重的猛獸慢下來

■左圖：最初的金屬灰FLSTF被公認為最帥氣的。

■下圖：在2000年，Fat Boy受益於新的88B平衡軸Twin Cam引擎。

時，就連一直以來都是哈雷盲點的制動，也有了大幅改善。Fat Boy的前後兩端現在有四活塞卡鉗，煞車碟盤也更能抵抗熱變形，其效果是提升了制動功率，並減少20%的制動桿作用力。

　　這對任何車款來說都是想真正改良時的參考標準，

更不用說是一輛不是因為性能，而是因其外觀和風格而更受到愛護的車款。2000年的Fat Boy得到一些外觀上的修飾，特別是新樣式的排氣管和後擋泥板，而且沒有失去任何重要特徵。哈雷同時也對性能進行大幅提升，這個做法肯定是正確無比。

Low Rider和Dyna

　　許多年來，哈雷的方法就是創造出混合摩托車，賦予摩托車自己的特性，以下都是很好的例子：Dyna Glide是從Low Rider演進而來，Low Rider的前身是Super Glide，而Super Glide又是在工廠第一次將Sportster的前端移植到Electra Glide上時演變而來的。最早的Low Rider，也就是FXS，於1977年問世。它在架構上只不過是配備了74英寸Shovelhead引擎的FXE Super Glide，卻能在四年內大紅大紫，成為哈雷大衛森最暢銷的非Sportster車款。

　　1980年，FXB Sturgis——基本上是有皮帶傳動和加長前叉的Low Rider——加入了日漸壯大的FX車系中，現在包含了Super Glide、Low Rider、Wide Glide和Fat Bob車款。儘管這些摩托車廣受歡迎，但它們到1984年晚期一直都是用Shovelhead引擎湊合，是最後才裝上Evolution V2引擎的車款。

　　在1985至1986年間，五速變速箱是一個接一個車款安裝上去的，但最值得注意的改良是在1991年限量版FXDB Sturgis上推出的新車架。它包含一個神奇有效的新兩點式引擎安裝系統，逐漸取代所有FXD系列車款上舊的Low Rider車架。該車種現在的成員可能是哈雷大衛森全車系中最有實用價值、應用範圍最廣的載具。

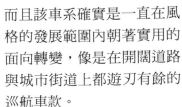

■下圖：Convertible在1989年推出後成為哈雷最強的全能車款。

FXRS-CONV LOW RIDER CONVERTIBLE，1989～1993年

從1977到1990年代中期，Low Rider以粗獷低矮的車身線條、厚實的後輪和削瘦的前端為特徵，在哈雷車款中成為其中一個核心「家族」。從1977年74英寸的Shovelhead FXS開始，這個車系發展出開創性的衍生產品，像是FXEF Fat Bob和FXB Sturgis。過程中，Low Rider的排氣量在1980年增加到80立方英寸（1338cc），FXSB也在1983年改為齒形皮帶最終傳動。第一款搭載Evolution引擎的Low Rider——FXRS Custom Sport，在1985年式出現，一年後獲得五速變速箱。到了1987年，哈雷「用途最廣泛多變的車系」包括標準版、客製版和運動版車款，還有最典型的Super Glide和Sport

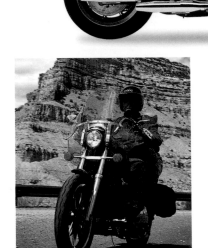

Glide等姊妹車款。

　　哈雷大衛森的宣傳總是特別強調Low Rider無可匹敵的「風格與舒適的結合」，

而且該車系確實是一直在風格的發展範圍內朝著實用的面向轉變，像是在開闊道路與城市街道上都遊刃有餘的巡航車款。

　　這個特色在1989年發表的Low Rider Convertible中表現得淋漓盡致。

　　雖然Convertible不是指凱迪拉克那種「敞篷車」，但這個車款完全能滿足任何摩托車的需求。車主不再需要盡可能找地方固定行李——這輛Convertible配備了皮革馬

■左圖／左上圖：哈雷大衛森的推銷重點是擋風板和馬鞍包能讓FXRS不管是在西部沙漠，或在城市的街道中都同樣自在。1991年的車款（左上）正要從賓州約克的哈雷工廠前往舊金山。

規格	
引擎	氣冷式ohv V-twin
排氣量	81.6立方英寸（1340cc）
變速箱	5速
功率	69制動馬力
重量	265公斤
軸距	1643mm
最高速度	170公里／小時

■下圖：FXRS-Conv的繼任車款是Dyna Glide Convertible，搭載的是Twin Cam 88引擎。

■左圖：炎熱乾燥的空氣和刮人的塵土，讓擋風板在沙漠中成為必要的配備。

■下圖：也許不是哈雷摩托車中外型最帥氣的，但絕對是最實用的，圖片中是一輛1992年的樣品。

鞍包，還有一個巨大的多碳酸塑膠擋風板。

作為Electra Glide大材小用的旅行替代車款，Convertible的表現堪稱一絕。豪華的座椅、標準的後座靠背和休息腳踏提供了合理的舒適度，而擋風板可以抵擋道路上的塵土和天氣的影響。外徑39mm的前叉有氣壓調整和防俯衝的功能。對於重型哈雷來說，離地高度也不錯。多虧了前輪的兩個及後輪的一個液壓煞車碟盤，煞車比哈雷的一般基準好。

Low Rider的外型主要跟車輪的選擇有關：直徑483mm的前輪圈和100／90的輪胎，配上406mm的後輪圈和胎面有130mm寬的後輪。動力由81.6立方英寸（1340cc）的Evo引擎提供。到1993年底被Dyna車系取代的前五年內，Low Rider Convertible可能是最實用的哈雷摩托車。精心的設計能巧妙地適應環境，因此在那五年內幾乎沒經過什麼改良。1990年引入了40mm的京濱化油器、改良過的離合器和其他細部調整，但基本上最初的產品就已經相當優秀了。1994年，FXRS最終被另一款Convertible取代，也就是Dyna車系的FXDS。

FXDB STURGIS，1991年

乍看之下，「第二版」Sturgis在它誕生的Low Rider家族中幾乎沒什麼特別的。FXDB以一年一度的南達科他摩托車集會命名，看起來不過是一輛午夜黑塗裝的FXRS，後避震器和油箱稍微調整過而已。事實上，這兩種車款是共用同一個前端。FXDB Sturgis的主要特色就是簡潔，只不過多了兩塊難以察覺的橡膠，一輛摩托車就脫胎換骨了。Sturgis是限量版車款，只生產了1500多輛，但它的影響力自此之後便存在於每一輛Dyna Glide中。車架本身是由先進的電腦輔助設計所開發的全鋼結構，由鋼管和鍛造組件組合而成，有著很粗的箱形剖面脊骨。

規格	
引擎	氣冷式ohv V-twin
排氣量	81.6立方英寸（1340cc）
功率	69制動馬力
變速箱	5速
軸距	1665mm
重量	271公斤
最高速度	170公里／小時

引擎隔振系統跟現有的Glide車系和Low Rider的安裝方式不一樣。這兩者使用了三個橡膠墊片螺栓的定位點，而不是Sturgis的兩個更複雜的複合座。結果令人吃驚，大雙缸引擎的有效轉速範圍受到底端低速抖動，

以及頂端干擾性的振動所限制。在Sturgis上，這些都改變了。現在人們能以其他哈雷摩托車會發出振動聲的速度開心地騎乘。Softail具有所有車款中最高的總減速齒輪比，能在巡航速率下將轉速降低到舒適的振動位準。恰如其分地，在十年前，另一款FXB Sturgis也跟另外兩個重要的橡膠有關——初級和最終傳動中革新的齒形皮帶。

■ 最上圖／中間圖：以一場大型摩托車集會為名，Sturgis是哈雷的重大躍進，還催生出非常成功的Dyna Glide車系。

■ 左圖：星條旗與Sturgis成就的關聯比不上兩個看似簡單的橡膠座。

FXDWG DYNA WIDE GLIDE，1993年～今日

到了1992年，Sturgis已經不復存在，但它催生了一個持續茁壯的Dyna Glide家族——最初是Dyna Glide Daytona，然後是Super Glide Dyna Custom。到1993年，Dyna Low Rider更接近最初的車款，但Wide Glide又變得與1980年代的同名車款類似。然而，兩者在減振座上都比Sturgis更上一層樓，採用了改良的「方向控制」安裝座。

哈雷的想法是「結合1970年代晚期Low Rider的外型，以及現代的操駕性和橡膠減振座的安裝方式」，結果收到了超群的成效。1993年的Dyna Glide以小幅度的差距成為迄今最平穩的哈雷摩托車。哈雷工程師讓一輛好摩托車變得更棒，甚至超越了Sturgis。公司甚至沒有調整引擎，就將大V-twin引擎的有效功率帶擴大了一個層級。

■右圖：最初的1993年Wide Glide，因為前叉之間很明顯的寬度而得名。

■下圖：這個標誌也許很火熱，但振動卻不會很激烈，這都是多虧了創新的引擎安裝系統。

其餘大部分就像哈雷的作風一樣，交給了混合設計人員和造型工程師處理。有「原廠猿臂高把手」、「包覆式尾燈」、「翼形方向燈」，還有一個新的一件式Fat Bob油箱，這樣就不用每次燃料不足時都得加滿兩個獨立的油箱。

騎上Wide Glide會讓你對前所未有的平穩體驗感到驚嘆。猿臂高把手會一路延伸到比你還高，但幾公里後，一切都變得相當自然舒適。

在那種不可思議的騎乘方式中，轉向操舵變得很輕巧，帶有絕佳的低速平衡性。不過轉彎卻揭露了很多關於Wide Glide的缺點。即使是哈雷大衛森的標準，離地高度也相當不足。左邊的側腳架會刮傷，右側的消音器也會刮傷，這兩者都足以讓你偏離方向。但只要是在筆直寬闊的高速公路上，騎起來非常棒。

規格	
引擎	氣冷式ohv V-twin
排氣量	81.6立方英寸（1340cc）
變速箱	5速
功率	69制動馬力
重量	271公斤
軸距	1680mm
最高速度	170公里／小時

■下圖：1999年，強大的Wide Glide獲得了新的Twin Cam 88引擎。

FXDX Dyna Super Glide Sport，1999年～今日

■下圖：憑著低調的車身線條，FXDX與之前的Dyna車款一樣時髦。

FXDX Dyna Super Glide Sport不僅僅是第一個裝備新的Twin Cam引擎的車款。確實，88.42立方英寸（1449cc）的引擎會引起最多關注，還能為最新的Dyna提供比以往任何哈雷車款更多的衝勁，但摩托車的其他部分藏著更多驚喜——這是一輛制動和操駕都相當優秀的哈雷。車款名稱中的「Sport」總算有一次是名副其實了。

與80英寸的Evo引擎相比起來，Dyna黑色塗裝的Twin Cam 88引擎缸徑更長，衝程更短（95.25×101.6mm）。儘管排氣量增加了10%，但結果是引擎轉速更快、振動

更小，最高轉速達到每分鐘5500轉。高壓壓鑄的鋁製曲軸箱具有經過強化的後垂直面，上頭的四個高抗拉強度螺栓連接引擎與五速變速箱。這樣的結構比以往更堅固，減少了內部初級傳動應力，並降低了振動位準

總量。由於在高應力區域的設計有所改變、重新設計的挺桿導件、機油泵的位置調整，曲軸箱本身變得更輕更堅固了。鏈條凸輪傳動取代了先前的正齒輪，不僅生產成本更低廉，更是在面臨環境問題惡化時以降低機械噪

■上圖：FXDX是第一輛配備Twin Cam引擎的哈雷摩托車，可以看到圖中的鏈條傳動裝置。

■左圖：Dyna可以透過調整來適應各種騎乘方式。

■右圖：在開闊的
道路上滑行。

音為目標的其中一種方法。哈雷甚至在改良Evo引擎的耐用紀錄方面也投入了許多心血，全新的壓製曲軸採用了新的鍛造飛輪、更粗壯的連桿，還有改良過的曲軸銷。O形環取代了Evo引擎的汽缸座墊片，讓曲軸箱和汽缸的連接處更加堅固，油密性也有所提升，同時提高耐

溫性、減少缸徑變形。當然，哈雷氣冷式引擎的特色得以保留，但汽缸和汽缸蓋上的散熱片增加了50%，進而提升了降溫效果。

車架與以往搭載Evo引擎的Dyna車款基本上差不多，同樣採用非常有效的橡膠減振座安裝系統，避免騎士和乘客感受到振動。以許多哈雷重型摩托車的標準來看，Dyna的曳距相對較小，稍微超過104mm，因此轉彎時會更為急切，但有了這個懸吊系統就不一樣了。這是個不小的轉變，前叉和日本的昭和後避震器，其預載、回彈阻尼和壓

縮阻尼現在都能進行全面調整。無論你想以什麼方式騎乘，Dyna都能調整應對。

在前後兩端都加強阻尼並不會將279公斤的FXDX變成運動摩托車，但確實能讓它做出以往的大哈雷摩托車做不到的過彎。在路面顛簸的急轉彎仍會有些搖擺，但即使在極高的速度下，操駕精準性依然能讓人放心，離地高度也有改良。需要減速時，最新的Dynau也能勝任挑戰，這都是多虧了三個賀氏（Hayes）四活塞卡鉗在292mm的煞車碟盤上提供的咬力。

在外觀上，新產品採用了跟以前Dyna車款一樣的低調線條，並搭載泥地賽道風格的平把手、低矮的鞍座、大量漆黑塗漆和相對克制的鉻件。

也許低調就是它應有的模樣，因為跟其他哈雷肌肉摩托車相比，這是一輛最不需要特地強調自己優點的摩托車。

規格	
引擎	氣冷式ohv V-twin
排氣量	88.42立方英寸（1449cc）
變速箱	5速
功率	86制動馬力
重量	279公斤
軸距	1623mm
最高速度	185公里／小時

■左圖：Twin Cam FXDX——
徹底現代化的哈雷。

Glide

超過半個世紀以來，Glide車系一直都是哈雷大衛森最頂級的車系——最奢華、裝備最棒，也是最昂貴的車款。該車系始於1949年的Hydra Glide，這是一輛又長又低矮的巡航車，目前的Heritage Softail會讓人隱約地想起它。

Glide靠著速度緩慢的大引擎和轉向操舵遲鈍的長車架，一直是美國的長途騎乘之王。但是在以前，騎士至少要像哈雷摩托車一樣強壯，因為摩托車本身在舒適度方面幾乎完全沒有讓步。FLH-80上的80英寸Shovelhead引擎於1978年推出，12個月後，本質上相同的摩托車演變成終極的豪華旅行車FLHC。除了奢華的車架鞍座，標準配備還包括整流罩和擋風板、馬鞍包、防撞桿、行李架和車側踏板——這些以前只能在「Tour Pak」配件中選用。

在當時，世上沒有其他摩托車有如此全面的配備，但Glide的故事還不只這樣。後續推出的產品在頂級旅行車款上增加了一系列令人眼花瞭亂的旅行配備。同時，其他車款也開始回歸家族的根源，推出更細瘦、更精簡的產品，像是Road King。

FLTCU TOUR GLIDE ULTRA，1989～1996年

繼Electra Glide、Sportster和
Super Glide之後，Tour Glide是
哈雷全車系中最歷久不衰的
產品之一。哈雷工程師所能
想像「裝備」最齊全的摩托
車──這個概念始於1980年
的FLT Tour Glide基本車款，
當時的Tour Glide是你能買到
的最接近二輪豪華禮車的東
西。哈雷對於已經非常完善
的摩托車還是會逐年進行微
調，更不用說是在1984年採
用了皮帶最終傳動和Evo V2
引擎。Tour Glide基本的概念
還是不錯，但隨著1990年即
將到來，哈雷需要更為豪
華的座駕，也就是1989年推
出，絕讚的Tour Glide Ultra

Classic，具備了81.6立方英
寸（1340cc）壯觀華麗的力
量。除了顯著的特色，像是
新的整流罩「降低」了，以
保護騎士，還有一堆電子設
備為這輛大型Glide增添光

彩。現在騎士只要坐在鞍座
上，就能控制一系列令人稱
羨的機載精密設備。伸手所
及之處就有電子巡航定速系
統、民用無線電對講機和複
雜的高傳真音響系統。就連

■上圖：一輛適
得其所的1991年
Tour Glide，在美
國西南部的猶他
州沙漠高原中輕
鬆地行駛。

■左圖：一個威
風十足車系的
最後一個車款
──1996年式的
燃油噴射FLTCUI
Ultra Classic Tour
Glide。

■左圖：從這張Tour Glide穿越內華達州遼闊土地的照片中，可以清楚看到大量行李空間和絕佳的騎士保護配備。

規格	
引擎	氣冷式ohv V-twin
排氣量	81.6立方英寸（1340cc）
變速箱	5速
功率	69制動馬力
重量	347公斤
軸距	1600mm
最高速度	169公里／小時

後座都配有獨立的揚聲器和內建對講機，讓騎士能跟乘客聊是非。打火機是標準配備，甚至連能夠自動關閉的方向燈都是由微處理器所控制。為了處理過多的額外電力需求，還安裝了一個新的32安培高輸出交流發電機。

這會不會裝備過度了？也許吧，但也非常實用，馬鞍箱和大容量的「Tour-Pak」後行李箱能輕鬆裝下兩個禮拜的行李。豪華舒適的鞍座椅墊適合長途騎乘，而擋風板可以阻擋沙塵和乾燥的沙漠風。確實，跟家裡一樣好的音響系統不是摩托車的必要設備，但誰能抗拒在迷人的景致中聽著最喜歡的藍調樂曲，伴隨著哈雷雙缸引擎隆隆作響的重低音巡航呢？

1990年，我從位於賓州約克的哈雷工廠，騎著一輛Tour Glide前往美國西岸的加

■上圖：Ultra Classic Tour Glide的騎士視角。

■下圖：Glide車款威風的精神在1992年的Tour Glide身上得以延續。

州舊金山。一路上，這輛大型Glide爬過無盡的坡道，高度超過3300公尺，轟隆隆地駛過灼人沙漠的煎熬，在雷暴中冒著大雨前進，表現幾乎沒有任何失常。它載著我與我在這趟6500公里的旅程中需要的所有裝備，我遇見的每個人都投以欣賞的微笑。以橫越美國廣闊的曠野這種體驗來說，沒有其他摩托車能比得上Tour Glide。感覺就像這輛摩托車在曠野中進化了一樣──仔細一想，的確是如此。

Tour Glide的故事已經結束了──至少目前是如此。在成為美國開闊道路上長途騎乘王者的16年後，這個名字在1996年的燃油噴射FLTCUI車款後從哈雷的陣容中消失了。然而，它的精神依然存在於配備奢華的Ultra Classic Electra Glide之中。

FLHR ELECTRA GLIDE ROAD KING，1994年～今日

隨著Electra Glide車系頂級車款上的標準配備變得越來越全面，對於更像1960年代精簡FL車款的需求便出現了。哈雷的回應是推出1987年的FLHS Sport，這是一款「僅」313公斤的輕型摩托車，而現代帥氣的FLHR Road King也是走同一個模式。

Road King於1994年推出，試圖彌合哈雷客製車款和旅行車款之間的差距。雖然本質上是把一輛全能的Electra Glide拿掉整流罩，加上一個「復古」鍍鉻頭燈和安裝在油箱上的車速表，但它長而矮的輪廓掩蓋了它超級重型摩托車的根源。這是一輛同樣能像其他Glide車款騎上高速公路的摩托車——只要安裝可拆卸的擋風

板。除了快拆擋風板，馬鞍箱和加高後座也很輕鬆就能拆卸，一眨眼就能改變車身輪廓和特性。就算經過拆卸精簡，Road King依然擁有一輛客製巡航車從容不迫的優

■上圖：這輛道路之王與其他重型FL的不同之處在於更乾淨、更低矮的線條。

■下圖：加上一些哈雷眾多的配備後可能會破壞美感。

雅。

對多數人來說，Road King是所有Glide中最帥氣的，常見的笨重線條被一輛就算不是苗條纖細，也有一定優雅的摩托車所取代。裝滿配備的FL很容易顯得臃腫，但Road King卻保有風格。這輛哈雷很適合那些想讓重型愛車穿上客製配備的人。

同樣地，旅行車款的根源讓Road King成為一輛非常

規格	
引擎	氣冷式ohv V-twin
排氣量	81.6立方英寸（1340cc）
變速箱	5速
功率	69制動馬力
重量	314公斤
軸距	1590mm
最高速度	161公里／小時

■左圖／下圖:「Road King」標誌和整體細節都是純粹的1960年代風格,不過其他鍍鉻零件(下圖)則是售後市場的套件。

實用的客製摩托車。不管是哪一種Softail車款,要在鞍座上坐六個小時都非常困難,但在Glide上就能輕鬆達成。採用橡膠減振座的Evo引擎能隔絕振動,但令人玩味的轟隆聲響依然能傾瀉而出。

第一款燃油噴射Road King FLHRI於1996年問世,不過化油器的版本還是繼續在生產。ESPFI(電子控制順序燃油噴射)系統是根據杜卡迪V-twin使用的義大利瑪涅蒂・瑪瑞利(Magneti Marelli)設計所打造,然而在此例中,重點在於易使用性,而不只是跟動力有關。

儘管某些車主可能偏好從右側凸出的原廠單化油器那種令人安心的簡潔,但新的燃油噴射系統是一大優點。

除了哈雷大衛森招牌的皮帶最終傳動之外,基本上就沒有其他高科技的部分了。懸吊系統只有在後輪雙槍避震器能調整氣壓。兩個車輪都是鑄造輕合金,直徑為406mm,並裝有Glide車款特有的厚實輪胎。

前輪採用雙液壓碟盤制動器,後輪則是單碟盤。在一輛重達314公斤的摩托車上,這三個煞車碟盤的工作

量都相當沉重,但在現代,哈雷的制動器效果相當不賴。跟Glide家族中多數成員一樣,Road King的最高時速可能稍微超過161公里,不過想讓大雙缸引擎飆出這個速度注定是徒勞無功的。

當Road King以時速120公里倨傲地緩慢行駛時,運行是最為順暢的;如果你以遠超過140公里的時速騎乘,有時會發生令人不安的搖晃。想以哈雷的方式成為道路之王,不需要當速度最快的——只要是最酷的就行了。

■左圖:一輛1996年的Road King——或者該說是FLHR Convertible?因為擋風板和後座座椅都能快速拆卸。

FLHTCU-I ULTRA CLASSIC ELECTRA GLIDE，1997年～今日

作為一間十分謹慎的公司的所謂保守車款，頂級的Electra Glide在過去幾年經歷了一連串接連不斷的變化。燃油噴射（ESPFI）在FLHTC推出30週年的1995年首次出現在該家族中，後來便成為Road King和下一個年式頂級Electra Glide的標準配備。接著在1997年馬上推出了鞍座高度更低（685mm）和其他許多細節變動的新車架，於是哈雷15年來的第一具新引擎便降臨在可靠的Electra Glide上了。

Twin Cam 88引擎不僅「因鍍鉻而閃閃發光」，巨大的Electra Glide也欣然接受超過80制動馬力的動力提升，最大扭矩來到驚人的117牛

頓米。憑著更廣的扭矩分布，以及光是燃油噴射所帶來的操駕性能，大型Glide能消化巨量里程數的傳奇能力獲得了改良，爬坡和高海拔現在它也都不放在眼裡。

■上圖：配備了豪華椅墊的座椅，騎乘Ultra Classic的體驗如夢似幻。

■下圖：全能Ultra Classic 88的Evo引擎前身，但有誰會想付這個電費？

從厚實的輪胎及沙發一般的鞍座，到慵懶悠哉的轉向幾何，大型Glide所具備的一切，都象徵著它是最出色的公路旅行摩托車。

這款摩托車在油箱中沒有半滴燃油的情況下是驚人的352公斤，是所有哈雷中最重的。大部分重量都是優良堅固的哈雷大衛森金屬硬體，但其餘大部分則是為了以前所未有的方式疼愛騎士。加了椅墊的寬敞座椅巨

規格	
引擎	氣冷式ohv V-twin
排氣量	88.42立方英寸（1449cc）
變速箱	5速
功率	80制動馬力
重量	352公斤
軸距	1600mm
最高速度	169公里／小時

■右圖：具備了充足的行李空間，這是最適合長途旅程的哈雷。

大又舒適，可調節的車側踏板提供了伸展移動和放鬆的空間。哈雷將引擎以橡膠減振座安裝於鋼製引擎架方形脊骨中的巧妙方法，能確保引擎的振動夠「哈雷」，但又不會大到造成干擾。與此同時，馬鞍箱、整流罩收納袋和鋪了內襯的巨大「King Tour Pak」後行李箱能夠輕鬆地把行李一口吞下。

　　哈雷把他們的頂級車款描述為「配備滿載」，而且他們可是來真的。根據市場的需求，這個車款搭載了超車燈和行車燈，比波音飛機更多儀表，甚至還有打火機。再加上聲控對講機、民用無線電和電子巡航定速系統，有「恢復定速」和「加速」模式。單一聲道輸出40瓦特的調幅／調頻卡帶收音機包含了氣象波段、四個揚聲器、獨立的乘客控制系統和雙天線，全都是透過把手左側無數的開關來控制，並且能自動對周遭的噪音聲級做出反應。

　　如果說任何哈雷都是摩托車的夢幻逸品，那麼這款頂級的Electra Glide則是將夢幻提升到另一個層次。想像騎著這輛摩托車經過亞利桑那州的高原，溫暖的沙漠風鑽入衣袖，輕輕吹拂著你臉上的名牌墨鏡。你播放起最喜歡的藍調卡帶，或是把收音機隨意地轉到某個鄉村音樂電台，Glide將會領著你進入哈雷的天堂。到了維修保養的時候，它甚至能跟哈雷技師對話，因為引擎管理系統包含了完整的診斷功能——而這還不是它的所有優點呢。

　　一些摩托車騎士會嘲笑Electra Glide是二輪的凱迪拉克DeVille。毫無疑問，Electra Glide已經完全偏離了運動摩托車的樣貌。這對某些人來說很荒謬，也有人覺得太過火，但肯定有人能欣賞它的美。

■左圖：哈雷大衛森車系中最大、最昂貴，也是最豪華的車款，有著強大燃油噴射的Electra Glide Ultra Classic。

FLHRCI ROAD KING CLASSIC，2000年

■下圖：充滿貴族氣息的Road King Classic，是新一代的時髦車款。

Road King Classic接續了標準車款的腳步，單就規格來看，這兩個車款幾乎一模一樣，但顧名思義，Classic是一種不同種類的混合車：一輛全能的旅行摩托車，同時也是客製車款。

配有輻條車輪和厚實的白壁輪胎、有鉻件裝飾的馬鞍包和後掠線條，Road King Classic幾乎跟Electra Glide一樣纖細——或者正如哈雷的說法：「造型中的傳統元素夠多，能讓整個北美洲大感驚奇」。事實上，在任何大陸都是如此。

對於一輛旅行車款來說，Classic渾身充滿強烈的風格。除了車輪和輪胎，油箱、擋泥板末端和座椅上的客製金屬標誌也都風格十足，還包括大膽無畏的商標、鍍鉻頭燈和35瓦特的雙超車燈。更不用說是鍍鉻的

規格	
引擎	氣冷式ohv V-twin
排氣量	88.42立方英寸（1449cc）
變速箱	5速
功率	80制動馬力
重量	322公斤
軸距	1612mm
最高速度	177公里／小時

雙消音器、不鏽鋼「水牛」把手，以及2000年的新造型——經典的雙色調塗漆。

跟所有2000年的大雙缸車款相同，動力是由前一年亮相的Twin Cam 88引擎所提供。這個88.42立方英寸（1449cc）的ohv V-twin引擎是利用38mm的進氣喇叭口進行電子燃油噴射，尤其是還有引擎引人注目的鍍鉻與黑色漆面。除了修長的車身，Road King身為旅行車款的證明還有

它的皮革馬鞍包（裡頭有堅固的嵌入物，防止馬鞍包變形）、軟墊座椅、多碳酸塑膠擋風板（在城鎮裡騎乘時可快速拆卸），以及19公升的油箱。除此之外，騎士用和後座的車側踏板都能調到適合的高度。

曾經，哈雷大衛森可能會對現狀滿足，但現在不會了。他們最近在各方面都積極追求更容易操駕和更棒的性能。因此，與其他重型車款相同（除了Springer Softail），以前無力的制動系統被四活塞卡鉗所取代（重型車前輪有兩個卡鉗），將升級過的煞車片壓向大大改良過的292mm碟盤。結果制動功率和感受都有所改善，制動桿所需的作用力則是大幅減低。

摩托車

配備了新的輪軸承，能夠行駛16萬公里都不需要維修保養，新的28安培小時密封長壽電池也是如此。

Road King Classic的製作方式只有哈雷大衛森知道，Fat Bob油箱中沒有半滴燃油，重量就超過320公斤。將一切連結起來的核心是一個巨大的軟鋼車架，帶有重量級箱形剖面脊骨和雙管搖籃。

儘管懸吊移動距離並不寬裕，前後懸吊的氣壓是可調節的。

Hydra Glide風格的前叉能提供117mm的移動距離，後輪雙槍避震器則是76mm。Road King Classic能照自己的步調改變方向，擁有155mm的曳距和1612mm的超長軸距。這正是這輛摩托車的精髓所在：匆忙之中，何來威嚴？

■上圖：一輛搭載Evo引擎的Heritage Springer Softail，Twin Cam 88B引擎的平穩讓最新的版本受益良多。

Buell

你可能會覺得Buell這個名字很陌生。這個車種也許沒有哈雷大衛森公司淵遠流長的譜系，但它確實有紮實豐厚的根基。該車種發跡於前賽車手艾瑞克・布爾（Erik Buell）的努力，他從1983年開始創造他獨特的賽車車款。第一輛賽車是RW750，配備了750cc的二衝程四缸引擎，能跑出290公里／小時的速度──遠遠超過哈雷。當這輛摩托車因賽車規章修改而被禁止參賽，布爾便開始開發他的第一個哈雷引擎車款──RR1000。

1987到1988年間共生產了50輛XR1000引擎的摩托車，接著便把重點轉向新的1200cc Evolution引擎和RR1200車款。從那時起，相同的1200 Sportster引擎經過調整的版本，便持續為所有Buell車款提供動力。這些車款都是Buell創新設計方法的明證，特別是在輕量的單槍避震車架、先進的懸吊系統和制動組件方面。

而正是這些特性區分出現在的Buell哈雷與更傳統的哈雷大衛森車款。Buell打造的不是巡航車或客製車，或是重型哈雷意義上的旅行車。Buell是運動摩托車、運動旅行車，或是「要你好看」的streetfighter街頭改裝摩托車。這些產品還是擁有哈雷的靈魂和風采，但也增加了肌肉和態度。

M2 CYCLONE 和 S3 THUNDERBOLT

M2 Cyclone

「誕生自摩托車手的靈魂，而不是產品規劃委員會」是Buell的廣告標語，而這段話用來形容街頭改裝的Cyclone可說是恰到好處。Cyclone是Buell車系於1996年推出的基本車款，由經過調整的1200cc Sportster引擎所驅動，官方聲稱峰值功率可達驚人的86制動馬力——甚至比新的Twin Cam 88還高。它的功率帶極為寬廣，在5400轉時，最大扭矩可達107牛頓米。

　　Cyclone的車架組件沒有其他姊妹車款那麼奇特，尤其是採用傳統的昭和伸縮式前叉，而不是倒立式前叉。所有Buell車款都採用了位於

■右圖：Cyclone具備了風格、速度和態度，還能要求什麼呢？

引擎下方的White Power後輪單槍避震器，車身的設計維持在最低限度，盡可能展示出鉻鉬鋼製的環抱式車架。大型雙缸引擎使用了Buell獲得專利的「單平面」安裝系統，配備拉桿來減低振動的影響。最終傳動使用了類似主流哈雷車系的加強齒形皮帶。雖然前輪只配備了一個單煞車碟盤，但巨大的六活塞卡鉗能帶來大量摩擦制動

■下圖：時髦卻野蠻——Buell Thunderbolt。

規格：Cyclone（Thunderbolt）	
引擎	ohv 45度角 V-twin
排氣量	1203cc
變速箱	5速，齒形皮帶最終傳動
功率	86制動馬力
重量	197公斤（204公斤）
軸距	1410mm
最高速度	203公里／小時（214公里／小時）

區域。兩個車輪都是鑄鋁材質，採用輕型的三輪輻設計。Cyclone的車架只有12公斤，比1200S Sportster輕35公斤，強10制動馬力以上。靠著這些令人欽佩的數據和優良的車架套件，Cyclone及姊妹車款的操駕和煞車跟傳統的哈雷完全不同。可見靈魂和速度並不是互斥的。

S3 Thunderbolt

Thunderbolt於1997年推出，以類似當時的頂級S1 Lightning的車架總成為基底，配上Cyclone 86制動馬

BUELL 的歷史

在採用Sportster引擎的RR1200（生產了65輛）取得了些許成功後，哈雷於1989年推出了第一款雙人座Buell——S1200，在兩年後演變為單人座的RSS1200。到了此時，伸縮式倒叉和六活塞煞車碟盤卡鉗已經成為迅速引起摩托車界關注的品牌標準配備。到1992年底，該公司總共生產了442輛摩托車，為創始人帶來工程和設計方面的優良聲譽。

1993年2月，哈雷買下該公司49％的股份，Buell被納入了哈雷大衛森的帝國版圖。合併使Buell能夠取得開發資金和哈雷的專業技術，同時讓哈雷獲得一個直接的途徑，能夠得到Buell充滿創造力的工程設計。其實早在1970年代晚期，Buell和哈雷就曾在設計上合作過，當時Buell在最初的皮帶傳動Sturgis開發中做出了貢獻。

Buell現在的生產地位於威斯康辛東特洛伊，使用的引擎是由密爾瓦基國會大道上的「小型動力傳動裝置」工廠所打造的。現在與主流的哈雷產品一起銷售，目前生產的Buell車款如Cyclone、Thunderbolt、Lightning都是1994年首次在美國推出。

■最上圖：一輛1989年左右的稀有BuellRS1200，其傳統顯而易見。

■上圖：在移除車殼後，Buell的原始線條和誇張的工程設計變得一目了然。

■左圖：Buell的裝配線位於東特洛伊，距離密爾瓦基一小時路程，圖中是哈雷收購之前的模樣。

力的化油器大雙缸引擎。賽車種類的車架有能夠全面調整的White Power倒叉，以及下懸式後避震器，車輪和制動器則是跟Cyclone很相似。從Sportster衍生而來的引擎在6000轉和107牛頓米的扭矩下，據說能輸出86制動馬力。這個引擎使用了跟其他Buell車款一樣的單平面減振安裝系統，讓騎士能聽見充滿氣魄的轟隆聲，但會減弱大幅度的振動。從外觀上來看，Thunderbolt的特徵是突然上翹的車殼尾端和流線型整流罩。Buell也有生產運動旅行版的S3T，附有護腿板和馬鞍箱。

BUELL X1 LIGHTNING，1999年

X1 Lightning與時速5000公里的噴射機同名，在1999年推出時取代了S系列Lightning。這是由「有態度的哈雷」製造商所推出的兇狠又堅決的「Streetfighter」車款。

X1是一輛真正可靠的運動摩托車。它個性十足，與更傳統的哈雷摩托車相比，

規格	
引擎	ohv 45度角 V-twin，電子燃油噴射系統
排氣量	1203cc
變速箱	5速，齒形皮帶最終傳動
功率	95制動馬力（見內文）
重量	199公斤
軸距	1410mm
最高速度	217公里／小時

動力跟操駕可說是有大幅進步。X1的核心是熟悉的1203cc Sportster引擎經過改造的「雷電交加」版本，活塞的壓縮比更高、氣門更大、氣道也為求改良氣體流通而經過重新設計。更輕的飛輪提升了引擎的反應，同時也加快了Sportster平常悠哉的換檔速度。

最厲害的是X1新的超精密動力數位燃油噴射系統：使用了最先進的電腦控制，確保大V-twin引擎在所有情況下都能發揮最佳表現，幾乎是消除了所有滯點，也提升了燃油經濟性，讓廢氣排放變得更乾淨。結果X1成為哈雷有史以來最精明的其中一個車款——也許還是最強而有力的。

根據獨立的測力計測試，5300轉的峰值功率為85制動馬力——比任何原廠哈雷都還要高；X1的扭矩更令人刮目相看：僅3300轉就能達到125牛頓米，保證能輸

■上圖：X1 Lightning：一輛真正的街頭改裝摩托車。

■左圖：座椅的設計極其簡約，與Electra Glide大相逕庭。

出範圍更廣的穩定、可用功率（Buell實際上宣稱有95制動馬力和115牛頓米）。

使用這具引擎，幾乎不會碰到檔位出錯的情況：只要催動油門，大雙缸引擎就能以幾乎任何轉速達成使命。它的最高速度大約是220公里／小時，不過這個數字會有所變動，因為在某些市場買到的產品會為了不要超過當地的噪音管制而提高總減速齒輪比。

讓這一切牢牢抓住地面的是一具堅固的鋼管格狀結構車架，前後兩端都是新的日本製昭和懸吊組件，前端是堅固的倒叉，能調整預載、壓縮和回彈阻尼。

■上圖：多虧了經過調整的1200cc Sportster引擎，燒胎變得輕而易舉。

■下圖：Buell X1 Lightning真的令人驚嘆。

單槍避震器的尾端內建了上升率，以及預載和雙向阻尼調整。不鏽鋼排氣管妥善收攏，為單人或雙人騎乘提供最大的空間和舒適度，轉彎的離地高度也勝過了任何哈雷街車，讓X1能充分利用它的登祿普輪胎（Dunlop）。雖然Lightning只有一個前輪單煞車碟盤，但制動力也非常出色，這個340mm的強壯碟盤是被一個巨大的六活塞「Performance Machine」卡鉗所抓住，後輪則是裝著一個簡單的單活塞卡鉗和230mm的碟盤。

摩托車的操駕性也是一流的。憑著短而靈敏的軸距和只有89mm的曳距，以哈雷的標準來看，X1的轉彎非常迅速，讓騎士能夠高速入彎。穩定性也是出乎意料地好，在任何狀況下都能充滿自信地騎乘。其簡約的座椅和整體的人體工學設計可能差了Electra Glide一大截，但X1的目標車主卻完全不會在意。

這輛令人印象深刻的產品被一種引人注目卻低調的強健造型所掩蓋，而Buell的街頭改裝摩托車也因為整體性能表現而聞名。在Buell摩托車身上，所見即所得——而X1 Lightning則是迄今最棒的Buell摩托車。

賽車

　　最早的哈雷「賽車」不過是一些喜歡冒險的民眾所擁有的標準化製造生產摩托車罷了。

　　如今，雖然很難把競賽跟哈雷大衛森的企業形象聯想在一起，但那依舊是公司靈魂中重要的一部分。美國的摩托車賽事實際上是由印地安和科提斯公司所創立，但哈雷很快就接受挑戰，最終成為一支常勝軍。甚至在公司創始元老中也有熱衷於參賽的競爭者──華特・大衛森本人在1908年一場耐力賽事中得到了「工廠」的第一勝。到第一次世界大戰時，不怕死的車手就騎著哈雷雙缸賽車以飛快的速度疾馳而過──車上沒有搭載制動器，也幾乎沒有懸吊系統。

　　自創始時期單純的熱情以來，有許多哈雷賽車成為了傳奇，從最初的八氣門車款到大獲成功的XR750，後者依然在美國的泥地賽道上橫行。對哈雷大衛森，以及幾乎其他所有人來說，賽車都使摩托車不斷地進步。

早期賽車

八氣門，雙凸輪軸

雖然早在1910年就為特定的顧客打造了哈雷大衛森第一輛V-twin引擎的特殊「7E」競賽版本，但專門為了賽車而打造的第一個車款則是1916年推出的八氣門雙缸引擎。這種多氣門的配置，已經透過印地安的類似引擎在曼島TT賽中獲勝而得到了充分的證明。

哈雷大衛森八氣門引擎的排氣量為61立方英寸（999cc），是哈雷無敵小隊開始征服美國賽車場所使用的座駕。

緊接著推出的是65立方英寸（1065cc）的雙凸輪賽車，與八氣門車款相同，雙凸引擎是頂進氣側排氣的配置，沒有制動器，由鏈條直接驅動後輪。由於活塞壓縮

■左圖：一輛帥氣的74立方英寸（1207cc）的J系列賽車，能追溯至1924年，請注意車上完全沒有任何制動器。

■左圖：一輛1924年的74英寸F-head賽車，排氣管消音並不在主要考量中。

■下圖：又是一具F-head引擎，由杜威・西姆斯（Dewey Sims）所騎乘的1920年板道賽車，油箱左側的柱塞負責提供機油。

比非常高，要啟動引擎可不容易。一旦發動，這些怪物的時速能夠超過160公里。為了將產品推銷至海外，哈雷把他們的頂級賽車運往世界各地。在英國，佛萊迪・迪克森和道格・大衛森都在位於薩里著名的布魯克蘭茲傾斜賽道上騎著雙凸車款創下許多紀錄。1923年9月，

在法國的阿帕戎，迪克森騎著同一輛摩托車跑出171.4公里／小時的速度，創造了世界紀錄。

OHV雙缸引擎

1920年代中期，F-head雙凸引擎摩托車是哈雷大衛森工廠參與雙缸賽車的主要支柱，但該車款在AMA推出新的「C級」賽車方程式時受到了嚴重的阻礙。這是針對以生產為基礎的45立方英寸（750cc）摩托車，至少需要製造25輛。一夜之間，先前的A級和B級工廠特製產品在美國大部分賽事中都被迫退出——尤其是在振奮人心的「傾斜奔馳」賽事中。

當時，哈雷並沒有生產出合格的摩托車，但到了

1926年，他們確實有了快得驚人的21英寸ohv單缸引擎Peashooter。於是不久之後便有人研究了將Peashooter的汽缸蓋移植到現有V-twin引擎下半座的可能性。

　　第一輛這樣的ohv哈雷雙缸引擎摩托車大概是自製的，在1927年由奧斯卡・蘭茲（Oscar Lenz）駕駛，並獲得了些許成功。而同樣是以61英寸的下半座為基礎的類似引擎，則是由印第安納波利斯的勞夫・摩爾（Ralph Moore）所打造的。

　　到1928年，哈雷向大眾的需求屈服，發表了雙凸雙缸賽車車款的「街車」版本，也就是61英寸的JH和74英寸的JDH。過了沒多久，朱諾大道工廠便開始仿效坊間充滿創意的改裝摩托車，推出許多原廠特製車款，包括將ohv Peashooter的上半座移植到JD雙凸輪引擎的曲軸箱上。

　　這些產品於1928年在密

爾瓦基北方幾公里之外的芳拉克首度亮相，不過關於這些摩托車是否真的是在哈雷的賽車工廠中創造出來，抑

■上圖：在同一輛1923年的八氣門摩托車的這個視角中，可以清楚看見一個汽缸是搭配四個頂置氣門。請注意汽缸之間的單化油器。

■下圖：與奇異的工廠八氣門摩托車相比，圖中這種F-head板道賽車的製作技術相對較低，但依然具有令人畏懼的速度。

或是由當地經銷商比爾・克努斯（Bill Knuth）在得到工廠的知識和支持之下所打造的，一直有爭議存在。

　　不論情況是哪一種，這都只是過渡性的方法，因為12個月後，一個45英寸的工廠賽車DAH首次亮相了。

　　DAH基本上是採用了一種全新的引擎，不過該引擎仍仰賴著源自Peashooter的汽缸蓋。DAH的排氣量是45.44立方英寸（744cc），保留了JD的88.9mm的衝程，但缸徑也縮小到70.6mm。

　　DAH曾一度主宰了賽場，但克努斯推出了一款四凸輪混合摩托車，據說足足能輸出45馬力，繼續與官方的工廠摩托車抗衡。這些奇異的賽車車款很有可能在某種程度上激發了後來的ohv Knucklehead雙缸引擎。可以肯定的是，這些車款對整個賽車界產生了深遠的影響。

PEASHOOTER，1929年

跟奇異的雙凸引擎同樣具
有傳奇色彩，Peashooter的
起點是一個標準的街車
車款。Peashooter以1926至
1935年生產的21.1立方英
寸（346cc）單缸頂置氣門
Model AA的磁電機版本為基
礎，證明本身非常適合進行
賽車的調整。也許這並不令
人意外，因為其汽缸蓋是由
偉大的英國工程天才哈利‧
里卡多所設計的，而汽缸蓋
是任何四衝程引擎中最關鍵
的性能元素。就在幾年前，
里卡多創造出凱旋第一具四

■左圖：Peashooter
的汽缸蓋是由英
國工程師哈利‧
里卡多所設計。

■下圖：這輛單缸
引擎摩托車成了
美國賽道上的傳
奇。

氣門引擎車款──Model R。
後來獲封爵位的他可說是發
明了燃油流動的藝術，並在

發展燃料辛烷值概念的過程
中，對於燃燒過程得到前所
未有的了解。

規格	
引擎	ohv單缸引擎
排氣量	21.1立方英寸（346cc）
變速箱	單速或3速
重量	132公斤
軸距	1400mm
最高速度	超過128公里／小時

■左圖：在爬坡賽事中通常會裝上防滑鏈，以提供額外的抓地力。

　　Peashooter能夠成功，主要是因為兩個因素，一個是引擎的半球狀「擠壓」汽缸蓋，其中在活塞往上移動時，活塞頂的外部會幾乎接觸到汽缸蓋。這會產生劇烈的紊流，促使燃油和空氣的混合以及燃燒。這讓Peashooter的燃燒在更廣的轉速範圍中比競爭對手更有效率，同時也能安全地使用更高的壓縮比。即便是街車的形式，「21立方英寸引擎」的動力跟排氣量將近三倍的F-head雙缸引擎相比，也只少了20%。

　　Peashooter的另一個「王牌」是喬・彼得拉利（以及史考特・帕克），他無疑是美國賽道上最成功的賽車手。1935年，在Peashooter接近賽車生涯的尾聲時，他在全國系列賽的13場泥地賽事中全都贏得勝利。無論是板道賽車或是征服高聳的山坡，這位嬌小的加州人都同樣拿手，在1938年退休前，他可說是所向無敵。

　　彼得拉利和單缸Peashooter在AMA於1925年採用新的21立方英寸賽車級別時首次登上新聞頭條。新方程式的第一場比賽適切地在密爾瓦基兩萬名觀眾面前舉辦，而彼得拉利、吉姆・戴維斯和艾迪・布林克則是直接將對手遠遠拋在腦後。ohv街車的板道賽車版本精簡到只剩下基本要素，迷你的座椅、「高速」下降式把手，沒有制動器和擋泥板。這樣簡化過的摩托車速度很容易就能超過128公里／小時。還根據比賽的類型，分別製作了單速（Model SM）及三速變速箱（SA）。

　　儘管ohv單缸賽車馬上

在賽道上取得了成功，但朱諾大道工廠卻出乎意料地偏好它的側閥款式，這是因為Flathead街車看起來是最有賣相的。然而，其他人很快就看到了高轉速頂置氣門引擎的潛力，Peashooter成為美國賽車界中的單缸車款首選（然而受到無所不能的英國JAP賽車所啟發的賽車跑道版本並沒有這麼成功）。

　　Peashooter拼圖中錦上添花的最後一塊是1936年ohv Knucklehead引擎的出現。

　　工廠在1920年代晚期開發頂置氣門DAH競賽雙缸車款，但Knucklehead和Peashooter在上半座中還是有許多相似。不論是刻意的還是碰巧，現在也沒人說得準了。

■左圖：「高速」下降式把手是Peashooter的一大特色。

WR／WRTT，1940～1951年

■上圖：這輛「45立方英寸」摩托車使用了在側閥賽車走入歷史許久之後生產的伸縮式前叉。

哈雷大衛森在1940年代的賽車主力為側閥WR，它擁有一個相當不起眼的開端，也就是由1929年樸實無華的Model D逐漸演變而來。本質上，WR僅靠一對里卡多汽缸蓋提供動力，這個汽缸蓋是從21.1立方英寸（346cc）的單缸引擎移植到一個普通的曲軸箱上。這輛摩托車每年的發展都相當迅速，在1932年成為Model R，當時它最熱門的街車衍生產品是RLD Special Sport Solo。

無論是官方還是一般民眾，當時在競賽方面的努力全都集中在頂置氣門引擎上，包括單缸引擎和45英寸雙缸引擎，但是到了1933年，搭載鎂合金活塞的RLDE雙缸摩托車便能透過特殊訂單從工廠取得。

規格	
引擎	側閥四衝程V-twin
排氣量	45.3立方英寸（742cc）
變速箱	3或4速
功率	40制動馬力
軸距	1525mm
最高速度	大約169公里／小時

兩年後，R系列車系包括五種以熟悉的Flathead「45立方英寸」所打造的車款，並以細瘦堅決的RLDR Competition Special為首。1937年，受到Knucklehead引擎啟發的新樣式和一系列引擎改良，使R系列脫胎換骨成歷久不衰的Model W。除了更改前綴字母，45英寸的車系和先前相同，現在以WLDR Competition Special為首——實際上就是WR，只差正式命名。哈雷大衛森在1941年改正了這一點：WLDR依然存

■上圖／左圖：儘管美國郵差使用的車款引擎大致類似，但WR在工廠和私人車隊中，持續十年為哈雷打響賽車的名聲。

■右圖：側閥雙缸引擎的主要優勢不在於力量，而是排氣量，讓這具引擎能在美國賽事中保有競爭力。

■左圖：一位參賽者在一場現代的經典大賽中修補他的「45立方英寸」摩托車。

■下圖：「後座」座墊能讓騎士往後坐，以降低風阻。

在，但現在只是一輛Special Sport Solo街車。

接替成為最熱門45立方英寸車款的是普通的WR，這是一款僅接受特殊訂單的賽車。一開始非常難得到，但在戰後，需求和供給都急遽提升。1948年共生產292輛，1949年是121輛，最後一年則是生產了23輛。

與街車版本相比，這些專為賽車而打造的摩托車當然是經過大幅精簡。在WR生涯後期作為特製車款生產的WRTT，保留了較重的街車車架。WR作為一輛泥地賽車，同樣沒有制動器，而

道路賽事的WRTT配備了標準的WL車輪及制動器。WR的懸吊系統採用了舊哥德式前叉及剛性尾端，無法再讓人留下深刻的印象。此外，變速箱雖然配備了密齒比

的賽車齒輪，卻是手動換檔。WR車款本身也許簡陋粗糙，45立方英寸引擎輸出的40制動馬力也不怎麼樣。然而，憑著這一點和數量上的優勢，便能夠與來自歐洲、更為複雜卻有嚴重缺陷的頂置氣門雙缸車款和頂置凸輪軸單缸車款相抗衡。

十幾年來，這些外表看來原始的摩托車在美國的賽道上以好表現證明了自己──光是1948年就贏得了23場冠軍賽中的19場。一部分是因為這些摩托車堅固可靠，另一部分是因為AMA一直以來都渴望調整規則來支持國內的摩托車。

在這種情況下，身為美國摩托車運動管理單位的AMA，在迎接歐洲快速的頂置氣門摩托車到來時制訂了一條規定，將歐洲摩托車的排氣量限制在500cc以下，而750cc的側閥車款是允許的。猜猜看是誰製作了唯一符合標準的Flathead賽車？

KR／KRTT，
1952～
1969年

■左圖：很少有賽車能像KR一樣能長期保持競爭力，儘管它需要規則的幫助才能存活下來。

■左下圖：45立方英寸（750cc）引擎的近距離特寫，可以清楚看到側閥的推桿外管。

哈雷大衛森需要一輛能反映其時代技術的摩托車來取代老舊的 WR，而在KR身上，公司肯定沒有得到他們想要的。取而代之的是另一輛從道路摩托車衍生而來的長衝程Flathead賽車，在這個情況下，45.3立方英寸（742cc）的Model K即將在美國街頭被英國的摩托車輕而易舉地擊敗。而在比賽中，KR具有優勢：AMA對頂置氣門引擎500cc的限制依然適用。

與十年前的WR相同，生產的起步相當緩慢，第一年只生產了17輛KR，但是到了1955年，特殊配備的車系包含了至少五

種特定車款：KHK Super Sport Solo、KHRM越野摩托車、KR泥地賽車，以及KRTT和KHRTT「旅行者盃」摩托車。

KH的三種車款都有新的55立方英寸（883cc）長衝程K系列引擎，本質上屬於「仿賽車」，既適合一般愛好者，也很適合賽車手，而真的要比賽的賽車仍被限制在規定的750cc。

1955年，工廠生產了90輛45立方英寸的競賽車款，於1959年下滑至33輛。跟WR／WRTT不同，所有衍生車款現在都採用了輕量級賽車車架，不過只有道路賽車版本的KRTT採用了新的擺動臂尾端。

泥地賽車KR的油箱更小，車輪和輪胎更厚實，而且不需要制動器，缸徑和衝程跟WR一樣是70×97mm。

然而，通常會在嵌入活塞環後重搪汽缸，藉由使用

■左圖：一輛非常原始的1962年KR泥地賽車，請注意它沒有後懸吊或制動器。

規格	
引擎	側閥四衝程V-twin
排氣量	45.3立方英寸（742cc）
變速箱	4速
功率	48制動馬力
重量	171到175公斤
軸距	1420mm
最高速度	240公里／小時（道路賽車的流線型車身）

■右圖：從後輪的彈簧能看出這輛KR是屬於TT版本。

些車款。

既然在1960年代中期，一輛KR泥地賽車實際上還比原廠的道路用Sportster便宜95美元，這個結果也許就沒那麼令人意外了。

道路賽車也能夠跑出驚人的表現。在超高速的代托納賽車場上，流線型KR的速度紀錄超過了240公里／小時，這對側閥摩托車來說是難以置信的成就。

能容許活塞加大的最大尺寸──超過1.1mm，技師便可以將排氣量合法增加到46.8立方英寸（767cc）。

以側閥的標準來看，9：1的壓縮比很高，而33mm的林克特單化油器則是標準配置。7000轉時能輸出48制動馬力，5000轉的扭矩為68牛頓米。英國的諾頓、無敵（Matchless）和凱旋的摩托車，除了能夠輸出遠比KR更多的比功率，操駕跟制動力也都比KR好很多，不過舊的KR車款仍繼續在奔馳。

雖然這些摩托車很重（

雖有許多缺點，但在王牌車手像是馬凱爾和雷斯偉伯的操駕之下，他們在18年的競賽生涯中贏得了整整12座全美冠軍。KR驚人的長壽在1969年劃下句點，當時AMA終止了對海外摩托車差別待遇的規定。

面對公平競爭的環境，強大的老Flathead「45立方英寸引擎」完全無法跟國外來的摩托車競爭。

約172公斤），而且也不適合任何有轉彎的賽道，但在其他方面它們依然具有驚人的競爭力──尤其是因為美國的所有賽道上都擠滿了這

■右上圖：一輛採用哈雷最著名橘色配黑色的工廠賽車塗裝的KRTT。

■右圖：這輛泥地賽車搭載了TT車款類型的後懸吊和制動器，然而雙槍避震器和前叉都不是當時的產品。

XR750泥地賽車，1970年～今日

在許多人眼中，XR750泥地賽車是哈雷有史以來最帥氣、最粗獷、最果敢剛毅的摩托車。許多年來，從來沒有任何哈雷能像具有開創性的XR一樣，在比賽中取得這麼多成功。在騎乘側閥雙缸KR將近20年後，即將在1970年到來的頂置氣門替代車款肯定讓大家引頸期盼。然而，默特·羅威爾和馬克·布雷斯佛（Mark Brelsford）在AMA錦標賽中只得到挫敗的第六和第七名，證實XR750的初登場相當令人失望。

問題出在新引擎的鐵製汽缸上，汽缸很重，熱傳導效率比鋁製組件低了許多。

規格	
引擎	ohv V-twin
排氣量	45.8立方英寸（750cc）
變速箱	4速
功率	大約95制動馬力
重量	132公斤
最高速度	210公里／小時

這代表如果想避免無可挽回的故障，就必須把引擎的壓縮比大幅降低。有了更加凹凸起伏的活塞，鐵製XR的速度是真的很快，但無法長距離騎乘。1970年，賽車經理迪克·歐布萊恩承認了6200轉時只能輸出62制動馬力，在1971年6月，輕合金的材質取代了鐵，XR750此後便再也沒有走上回頭路。

在泥地賽道上，馬克·布雷斯佛在XR的處女賽季就騎著它拿下1972年的美國

■左上圖：儘管初期碰到許多困難，但XR依舊在美國的泥地賽事中橫掃所有對手——偶爾會在本田的RS750即將迎頭趕上時藉助規則的幫忙。

■左圖：XR750野蠻卻美麗的線條被加州強制規定的醜陋消音器破壞了。

第一名獎牌。同一年的復活節，偉大的卡爾‧雷伯恩也在美國對英國道路系列賽中徹底擊敗了所有參賽者。

「鐵製汽缸蓋」XR搭載的基本上是衝程縮短的883cc Sportster引擎，保留了道路用車款72mm的缸徑，但衝程縮短為82mm。1972年引擎的汽缸尺寸為79.4×75.8mm──相形之下，側閥KR的測量尺寸則是衝程超長的70×97mm。搭配更有力的曲軸，這樣的衝程能達到更高的轉速，並藉由使用輕合金材質，讓壓縮比大大提升到10.5：1，結果便是功率和可靠性都有驚人的改善。雷伯恩於跨大西洋道路賽中獲勝的不久之後，據說峰值功率在8000轉時能輸出80制動馬力。即便如此，許多年來，就連輕合金XR跑起來也是危險地發燙，這個情況一直持續到了內部機油循環改善為止。

一開始是採用日本的三國（Mikuni）36mm雙化油

■上圖：大家依然為之爭相角逐──夢寐以求的第一名獎牌。

■下圖：九次AMA第一名獎牌得主史考特‧帕克在沙加緬度比賽的身影，他所有冠軍都是騎著XR拿下的。

器，由費爾班克斯‧莫爾斯（Fairbanks-Morse）的磁電機負責點火，這個不可靠的系統有時會被不滿的車手埋怨是「爛到家」。輕量級的高等級鋼車架使用了Ceriani前叉和Girling後輪雙槍避震器。乾重是輕如羽毛的132公斤，不過裝了整流罩和制動器的道路賽車會稍微重一點。

將近30年的細節發展讓XR引擎在外觀上幾乎沒有任何改變，但還是無法達到泥地賽事的標準。如今，7800轉大約能輸出95制動馬力，輸出從4500轉到超過8000轉的動力分布都非常強勁。在1英里（1.61公里）的橢圓賽道上，這對210公里／小時左右的最高速度來說是件好事，不過其實是這輛大雙缸賽車抓地的跑法讓它在賽場上真正地脫穎而出。的確，XR作為一輛道路賽車很快就變得過時，但在美國的泥地賽道上已經變得日益強大。

RR-250、RR-350，
1971～1976年

1970年代於瓦雷塞製作的雙缸二衝程賽車，為哈雷帶來了在戰後道路大獎賽中唯一的成功。這些摩托車有強勁的功率帶、刺耳的排氣聲調，以及被相對較小的引擎排氣量所掩蓋的性能。為了應付可用轉速的狹小範圍，變速箱保持在六速。

RR-250的56.2×50mm汽缸是由34mm的三國雙化油器透過旋轉閥供油。最早的樣品是採氣冷式，但工廠很快就改採用液冷式，在賽事中帶來更好的溫度穩定性和可靠性。初級傳動是透過齒輪到多片乾式離合器，然後到六速「變速箱」。RR-250在1萬2000轉時能輸出58制動馬力，RR-350在1萬1400轉時能輸出70制動馬力。RR-250的數據相當於一公升排氣量能輸出超過232制動馬力，而在RR-250剛開發時的哈雷賽車主力KR-750，則是

■左圖：1978年，偉大的華特・維拉騎著RR-250在惡名昭彰的紐柏林賽道上飛速前進，他最終沒能完賽。請注意這輛摩托車仍仰賴著鼓式前制動器。

規格：RR-250	
引擎	液冷式雙缸二衝程
排氣量	15.1立方英寸（248cc）
變速箱	6速
峰值功率	1萬2000轉時輸出58制動馬力
重量	104公斤
最高速度：225公里／小時	

只有65制動馬力。

車架採用了傳統的雙搖

■左下圖：一輛搭載碟煞的工廠二衝程雙缸賽車，跟一輛經典的四衝程單缸車款一同展示著。

■右下圖：1977年，華特・維拉於霍根海姆賽道騎著一輛RR-350，身上背負著世界錦標賽冠軍的稱號。他在那年的250cc級別賽事中得到第三名，但結果證明RR-350的競爭力稍微低了一點。

籃高等級鋼管，前端安裝了義大利Ceriani前叉，搭配英國Girling雙槍避震器，整個車身的重量只有104公斤。要說這輛摩托車有什麼缺點，那就是儘管當時液壓煞車碟盤已經非常普及，它還是只搭載了鼓式煞車。後來在1976年終於加裝了煞車碟盤，但偉大的華特・維拉在那時已經獲得兩次250cc級別的世界冠軍了。

靠著更好的制動器，他在1976年再次達成壯舉，拿下350cc級別的冠軍。RR車款在美國的道路賽事中也取得了成功，車手是蓋瑞・史考特、傑伊・史普林斯汀和卡爾・雷伯恩等人。

MX250，
1977～1978年

■右圖：由義大利設計且製造的哈雷MX250越野摩托車。

哈雷大衛森進入主流摩托車越野賽的唯一一次冒險之舉帶來了一款非常有競爭力的摩托車，要不是哈雷在MX僅生產兩年後就斷絕了與義大利的合作，它本來還能精益求精。等到1977年MX250投入生產時，瓦雷塞已經發展出傑出的二衝程技術資源，尤其是從成功的大獎賽中獲得的道路賽經驗。

在MX250正式消亡的四年後，偉大的傑伊·史普林斯汀頑皮地騎著一輛以MX為基礎的摩托車贏得了1982賽季在休士頓舉行的第一場AMA賽事。這樣的潛力會有什麼成就，現在只能憑空猜測了。

這輛單缸二衝程摩托車使用了短衝程引擎

（72×59.6mm），透過齒輪初級傳動和濕式多片式離合器來驅動一個整體式五速變速箱——就像現代任何越野摩托車上能看到的那樣。

最初的樣品是氣冷式，但後來推出液冷式版本。一

■左圖：哈雷MX250越野摩托車。受惠於大獎賽中獲得的道路賽事經驗，如果瓦雷塞工廠沒被出售，MX250可能會有更偉大的成就。

個38mm的義大利Dell'Orto化油器負責供燃料（以20：1的比例混合潤滑機油），並由位於曲軸左端的電容放電式點火系統來提供火花。在開發過程中，峰值功率在高速的1萬2000轉能提升到驚人的58制動馬力。伸縮式前叉提供了228mm的寬裕移動距離，其作動幅度與後輪的雙槍避震器相似。

輕合金Akront輪圈上配置了一個簡單的140mm鼓式煞車。

規格	
引擎	單缸二衝程
排氣量	14.8立方英寸（242cc）
變速箱	5速
峰值功率	1萬2000轉時輸出58制動馬力
重量	106公斤
軸距	1455mm
最高速度：不適用	

■右圖：哈雷目前唯一的單缸車款是這輛搭載Rotax引擎的摩托車。

AERMACCHI OHV賽車，1961～1978年

Aermacchi最初是一間飛機工廠，他們在1948年於義大利瓦雷塞開始跨足生產摩托車。第一個車款是123cc（7.5立方英寸）的單缸摩托車——使用二衝程引擎，但已經具有水平汽缸，後來將成為該品牌的招牌特色。緊接著推出了頂置氣門四衝程單缸摩托車，包括道路用摩托車和強大的Ala d'Oro（金翼）量產賽車。從1950年代晚期開始，便以這輛由阿爾弗雷多・比安奇（Alfredo Bianchi）所設計的摩托車為基礎，開發出一代優雅的賽車車款。

　　儘管賽車有250cc（15立方英寸）和350cc（21立方英寸）兩種版本，但後者取得了更大的成功。即

■左圖：一輛高速行駛的Aermacchi 250，輕巧纖細的外型造就了驚人的速度。

■左下圖：一輛工廠賽車塗裝的CRTT 250。

規格：350cc	
引擎	ohv水平單缸引擎
排氣量	344cc（21立方英寸）
變速箱	5速
功率	38制動馬力
重量	111公斤
軸距	不明
最高速度	210公里／小時

便是在1960年代，單汽缸推桿摩托車在當時擠滿大獎賽賽道的新奇車款中依然是不

合時宜，但Aermacchi卻能將精準的操駕性、輕巧的重量和纖細的流線行車身發揮到極致。他們最棒的世界冠軍級表現是在1966年，已故的倫佐・帕索里尼（Renzo Pasolini）在大獎賽350cc級別中得到第三名。

　　也許它最了不起的表現是在1970年的曼島TT賽中，當時艾倫・巴奈特（Alan Barnett）騎著一輛席德・洛頓（Syd Lawton）的350cc摩托車，以159.84公里的驚人時速在可怕的山地賽道上行駛過一圈，油耗表現是一公升燃油能跑超過15公里。

　　ohv單缸引擎的功績也不僅侷限於賽道。1965年10月21日，一輛250cc的Aermacchi在猶他州的博納維爾鹽灘創下176.187英里／小時（284.55公里／小時）的世界英里紀

側下方。

　　雖然考量到引擎經過高度調整後能提供合理的動力分布，賽車提供了「A」或「B」齒輪組供選擇，而後者有更密的齒輪比。

　　車架非常簡單，使用了很粗的鋼管脊梁，這種脊梁以彎曲性而著稱，但以一

錄，以及285.21公里／小時（177.25英里／小時）的世界公里紀錄。儘管名義上是一輛Sprint街車，但這輛摩托車搭載了1966年規格的CR賽車引擎，使用標準的燃油泵。哈雷官方將這些義大利單缸摩托車命名為CR、CRS和CRTT，不過這些名稱在歐洲幾乎都被忽視了。

　　多年來，這輛單缸摩托車也有許多變動，但350的典型輸出功率，於8400轉時大約有38制動馬力。缸徑比衝程來得短，是74×80mm，但這會在最高轉速下造成高得危險的活塞速度（將近1340公尺／分鐘）。因此他們打造了其他配置，包括短衝程和超短衝程的樣品。壓縮比很高（大約11.4：1），而且引擎是透過一個近乎垂直的35mm Dell'Orto化油器進氣，以便將燃料供應至水平汽缸中。擴音器形狀的短排氣管則是架設在摩托車的右

■右圖：在美國，源自於運動街車的Aermacchi在泥地賽事中也相當受歡迎。

■上圖左：兩輛前工廠賽車，請注意賽車的乾式離合器。

■上圖右：一輛350cc的Aermacchi參加了歷史悠久的1984年曼島TT賽。諷刺的是，這是唯一有美國人獲勝過的TT賽——他騎的是一輛英國無敵摩托車。

■左圖：圖中是一具1969年Aermacchi 350的引擎。

種可以控制且易於使用的方式為騎士提供足夠的回饋。懸吊系統和制動組件使用了許多不同的組合，但其中不變的是伸縮式前叉（通常是Ceriani）、後輪雙槍避震器和鼓式煞車，在後來推出的版本中，前煞車鼓通常是雙向的。

LUCIFER'S HAMMER，1983年

1983年春天，Lucifer's Hammer成為十年來第一輛將哈雷著名的黑橘相間賽車塗裝帶到代托納競速賽事中的大雙缸摩托車。它確實拿出了優秀的表現，讓偉大的傑伊·史普林斯汀在雙缸引擎之爭中拿下了勝利——史普林斯汀以泥地賽車手著稱，但在柏油賽道上也不是省油的燈。同年10月，吉恩·切奇也騎著Lucifer's Hammer，在同樣於代托納舉辦的雙缸引擎之爭決賽中大獲全勝，此後便徹底愛上了這輛摩托車。

Lucifer's Hammer代表著哈雷典型的那種對於大雙缸車款的熱忱和專業技術。開發計畫從1982年秋天開始萌芽，當時戴夫·麥克盧爾（Dave McClure）在代托納騎著一輛XR1000原型街車，這表示一個全面性的賽車開發計畫有可能會成功。等到賽車經理迪克·歐布萊恩獲

規格	
引擎	ohv V-twin
排氣量	60.9立方英寸（998cc）
變速箱	4速
功率	104制動馬力
重量	130公斤
軸距	1420mm
最高速度	254公里／小時

准打造出後來成為史普林斯汀座騎的摩托車時，他便讓他精心挑選的團隊著手進行。引擎研發交給唐·哈伯默（Don Habermehl）負責，傳奇賽車手凱洛·雷斯偉伯（在1958至1961年為哈雷贏得四次AMA冠軍）則是把才華投入車架之中，而彼得·澤爾斯卓拉（Peter Zylstra）負責監督設計過程。某種程度上，這輛摩托車也是在同一場代托納賽事上亮相的XR1000街車的試驗機會和宣傳工具，而這也是一個非常具有歐布萊恩風格的計畫。

引擎由改良過的競賽XR750下半座、輕合金汽缸

■下圖：Lucifer's Hammer的引擎是從XR750競賽車款的引擎演變而來的。

■左圖：移除了整流罩的Lucifer's Hammer，於1983年攝於代托納。

蓋搭配Sportster的鐵製汽缸筒所組成。42mm三國雙化油器的平滑管道負責導進，提供辛烷值110的特殊航空燃料——只有這樣才能應付引擎令人頭昏眼花的10.5：1壓縮比。為了改善燃燒，每個汽缸都有雙火星塞，由全損耗賽車點火系統點火。

在測力計測試中，引擎在7500轉時輸出了強大的106制動馬力，但對於可靠性的擔憂讓哈伯默把轉速上限設為7000轉，此時大雙缸引擎能輸出104制動馬力。即便如此，平均活塞速度也達到了令人頭暈目眩的1350公尺／分鐘，所以設立預防措施是明智之舉。功率不僅驚人，而且分布也非常巨大，在4000轉的動力就非常強勁，四速變速箱可說是綽綽有餘。雷斯偉伯的車架採用自XR750，而在Lucifer's Hammer於1983年獲勝的整整十年前，當時的AMA冠軍馬克·布雷斯佛撞毀的就是這個車架。基本的單脊梁和雙管搖籃經過大幅改造，增加了額外的角撐和支持，搭配全新的箱形剖面擺動臂。

剩下的部件基本上都跟義大利有關：前懸吊由一對40mm的Forcelle Italia前叉掌控，後輪則是配有弗克司（Fox）的充氣式雙槍避震器。制動器由布雷博（Brembo）提供：300mm的浮動式前輪雙煞車碟盤，後輪是一個250mm的煞車碟盤。碟盤都是裝在康帕紐羅（Campagnolo）的鎂合金輪圈上作動，前輪為406mm，後輪是457mm，都是配備固特異（Goodyear）的賽車光頭胎。乾重是非常輕的130公斤，最高時速更是令人驚嘆的254公里。

在代托納首度亮相並獲勝之後，吉恩·切奇接著又騎著哈雷車主俱樂部贊助的Lucifer's Hammer拿下三次AMA雙缸引擎之爭的冠軍。

對於一輛以十年前的廢鐵為起點的摩托車來說，這樣的成就還不算太糟！

■上圖：Lucifer's Hammer有許多引擎零件都是出自於XR750泥地賽車身上。
■右圖：道路版XR1000（如圖所示）是令人驚嘆的Lucifer's Hammer的親兄弟。

VR1000，
1994年
～今日

VR1000是一輛就連最忠實哈雷車迷都不敢相信的哈雷摩托車。它確實是V-twin引擎，卻有雙頂置凸輪軸，汽缸採用液冷式，並以褻瀆的60度角展開。確實，哈雷以前就嘗試過一個汽缸搭配四個閥的設計，但那已經是70多年前的事了。

VR顯然不是一輛典型的哈雷，它在美國製造，車身側面印著「哈雷大衛森」，還採用了經典的黑橘賽車塗裝，但它身上的零件可能跟其他哈雷摩托車完全不同。

這輛摩托車使用了哈雷自己的特製

■上圖：克里斯·卡爾騎著VR1000在代托納賽車場上比賽，1999年，卡爾重返泥地賽道，並獲得AMA冠軍。

引擎，在設計和構造上看起來完全就像四分之一個V8車用引擎。其他幾乎所有組件都是從優質的供應商那

規格	
引擎	雙頂置凸輪軸（dohc）V-twin
排氣量	60.8立方英寸（996cc）
變速箱	6速
功率	171制動馬力
重量	169公斤
軸距	1400mm
最高速度	288公里／小時

裡買來的，像是瑞典歐林斯（Ohlins）的懸吊系統和義大利的Marchesini鎂合金鑄輪。連接所有組件的不是美國鋼材，而是一個厚實堅固的雙梁鋁製車架。

VR早期是由機敏的米格爾·杜哈默（Miguel Duhamel）駕駛，它的表現驚人地強大，在1萬800轉時能輸出超過120制動馬力。然而它並沒有取得哈雷車迷所希望的發展，而且這不是因為缺乏有才華的車手。摩托車持續有改良，但速度還不夠快。觀察者們常對於工

■上圖：和以前的XLCR一樣，整輛車漆黑一片，這輛工廠賽車在賽道上沒能達成預期。

■右圖：這輛以個人名義參賽的VR具有特製的輕量化車架，除去車殼後能清楚看見引擎60度角的配置。

廠沒有傾注全力於這輛摩托車上而感到意外。作為一輛賽車，它有一個致命且難堪的缺點：沒能在比賽中獲勝。這也難怪不論是否為哈雷愛好者，人們都難以理解VR1000的功用。

即便是VR著名的易操控性也無法克服這樣的不足。雖然它在路面潮濕的情況下還是有競爭力，但與類似的杜卡迪雙缸車款相比，VR至少缺了30制動馬力。然而，在1998至1999年間，一項密集的開發計畫開始有了驚人的成果。峰值功率飆破了170制動馬力，在代托納賽車場上測到的最高速度為288公里／小時。表現比較突出的是車手帕斯卡·皮科特（Pascal Picotte），他在1999年取得了一些令人印象深刻的成績。

有些VR已經賣給了私人賽車車隊，並透過一種奇怪的方式來取得賽車的合法性。為了得到參賽資格，這些摩托車必須能夠合法上路——不一定是在美國，其他地方也行。在美國，想讓摩托車能合乎法律規定是一件非常昂貴的事，所以限量版的50輛「街車」VR就登記了其他國籍。不，並不是賴比瑞亞，但實情幾乎同樣荒謬。VR1000符合的摩托車道路使用相關標準——是波蘭的。

儘管如此，這輛高科技摩托車依然是個謎。VR1000的用途為何？它是用來測試可能會出現在未來街車上的硬體嗎？還是它是未來街車車款的基礎？與工廠團隊關係密切的賽車手表示，一輛道路用的液冷式運動摩托車真的有可能發生。有些人甚至認為這樣的摩托車甚至能打敗杜卡迪雙缸車款；傳統的哈雷死忠車迷光是聽到這個想法可能就會強烈反對。無論你的立場為何，就像其他所有人一樣，最終只能拭目以待了。

■最左圖：請注意VR超級摩托車細瘦的車身，通風型乾式離合器後來被一種奇特的多片式碳離合器所取代。

■左圖：未來可能的樣貌：VR1000街車原型的偷拍照。

詞彙表

空氣濾清器：一種過濾器，能阻止空氣中的塵土進入引擎。

氣冷式：不是透過水冷式散熱器散熱，而是直接由空氣對流讓引擎冷卻的設計。

交流發電機：一種能產生交流電的發電機，然後由整流器轉換為直流電。

AMA：美國摩托車協會（美國摩托車賽事的管理單位）。

軸承：置於兩個會互相摩擦或旋轉的組件中，以減少摩擦，類型有滑動軸承、滾珠軸承或滾子軸承。

bhp（制動馬力）：以動力計測量的引擎功率，在測量中對引擎施以阻力或是進行「制動」，而馬力基本上就是扭矩乘以每分鐘轉速。

大端：連桿與曲軸間的連接處。

缸徑：汽缸的直徑，而活塞會在其中往復運動。

下半座：汽缸下方的引擎，包含曲軸、軸承、機油泵等等。

CAD：電腦輔助設計。

凸輪軸：一個以引擎一半的速度旋轉，上面裝有花瓣形狀凸輪的軸，負責控制閥。

化油器：混合燃油和空氣以供燃燒的設備。

阻風門：一種能使燃油和空氣的混合氣體變濃，以利於冷起動的裝置；化油器文氏管也有此功用。

離合器：一種能讓後輪與引擎旋轉分離的裝置。

點火線圈：一種電子裝置，能將低壓電流增強為高壓電，供火星塞點火。

壓縮比：活塞「擠壓」燃油與空氣混合氣體的程度，以最大體積與最小體積的比率表示。

連桿：連接曲軸與活塞的構件（通常是鋼製）。

曲軸箱：包含下半座組件的外殼（常為鋁製），通常會分成兩個部分。

曲軸：一根（彎彎曲曲的）偏心軸，連接連桿的運作，以主軸承固定於曲軸箱內；能將活塞的往復運動換成旋轉運動。

汽缸：圓柱形的「筒」，活塞會在裡面往復運動。

煞車碟盤：煞車系統的一種，在煞車時，塗有摩擦性材料的煞車片會壓向裝在車輪上的旋轉碟盤。

排氣量：引擎的容量，也就是一個引擎的活塞能排出的氣體總體積。

煞車鼓：煞車系統的一種，在煞車時，其結構會在輪轂內推動煞車蹄片與煞車鼓內面接觸。

乾式油底殼：引擎的潤滑油裝在一個獨立的槽中，而非直接裝在油底殼裡。

Evo：從1984年開始生產的1340cc V2 Evolution引擎。

F-head：一種ioe汽缸蓋。

Flathead：側閥式引擎的稱呼。

飛輪：跟曲軸一起旋轉的沉重圓盤，能儲存引擎慣性，並使功率脈衝變得平順。

變速箱：包覆變速齒輪及其運行軸的外殼。

活塞銷（Gudgeon pin，美式用法為wrist pin）：活塞連結小端的一個鋼製空心銷。

硬尾：剛性的摩托車車尾，也就是沒有彈簧支撐。

豬：哈雷大衛森所有車款的暱稱。

HOG：哈雷車主俱樂部。

馬力：扭矩乘以每分鐘轉速，引擎實際上的輸出功率。不過在早年，引擎的額定馬力只不過是代表引擎排氣量。

液壓：以液體的壓力來運作，就如同碟式煞車或液壓「挺桿」。

ioe（頂進氣側排氣）：最早的閥配置，排氣閥位於側面，進氣閥位於頂部，後者可能是「自動」或由機械操作。

Knucklehead：哈雷第一款ohv引擎，於1936到1947年生產。

【美】Lifter：指推桿，還有液壓挺桿。

磁電機：一種早期的獨立裝置，能產生點火火花（以及調節點火時間）。

擋泥板：【英】Mudguard，【美】Fender。

ohv（頂置氣門）：兩個氣門都在汽缸蓋上，以搖臂驅動。

Panhead：一種於1948到1965年生產的ohv哈雷引擎。

活塞：汽缸中的一個倒置圓柱「桶」，能透過連桿將燃燒的壓力傳遞到曲軸。

活塞環：一種鐵製或鋼製的有彈性的環，安裝於靠近活塞頂端的活塞環槽，防止燃燒氣體或油漏出。

功率：請見制動馬力的說明。

推桿（Push-rod，也稱實心挺桿〔solid lifter〕）：透過搖臂將凸輪軸的運動傳送至閥的金屬桿。

傾角：前叉的有效角度，以與垂直線的夾角角度表達。

每分鐘轉速（rpm）：引擎每分鐘的旋轉圈數。

復古科技：仿舊的現代科技，像是Springer前叉。

搖臂：一個會搖晃的金屬裝置，將推桿的運動傳到閥。

Shovelhead：於1966到1984年的生產的ohv哈雷引擎。

側閥：Flathead引擎，兩個閥的位置都在汽缸蓋下方。

小端：活塞銷和連桿的連接部位。

軟尾：後懸吊有擺動臂和下懸式的避震器，設計成類似硬尾的外型。

Springer：彈簧前叉的一種現代「復古科技」；任何哈雷大衛森摩托車都適用。

彈簧前叉：1948年前生產的前懸吊系統，有堅固的前叉外管，頂端（通常）有螺旋彈簧。

衝程：活塞從最高點到最低點的移動距離。

擺動臂：也稱為擺動叉，是一種能轉動的懸吊構件，讓後輪能上下移動。

油底殼：曲軸箱底部裝機油的延伸部分；「乾式油底殼」引擎會將機油裝在獨立的槽中。

轉速計：用來測量引擎每分鐘轉速的儀器。

伸縮式前叉：一個前叉管（含有一個彈簧）插進另一個外管的前懸吊系統，以前叉油來減震。

正時：調節點燃火花（或是閥打開或關閉）的正確時間。

上半座：汽缸座「之上」的引擎，包括汽缸蓋。

曳距（後傾角）：前輪胎的接地面拖曳至轉向角與地面相交點的長度。哈雷大衛森偏好較大的曳距，能帶來比較慢的轉向操舵及更好的穩定性。

扭矩：透過活塞的燃燒壓力，來對曲軸施以的轉動力（最終傳遞到後輪）。

文氏管：進入化油器的空氣會通過這個部位；也是其直徑。

軸距：前輪及後輪中心點的距離。

Wrist Pin：活塞銷，請見Gudgeon pin。

哈雷大衛森車款代號

哈雷大衛森公司在車款命名上有自己偏好的神祕方法，不過在搞清楚「代號」的意思後，命名系統就很好理解了。最先以數字命名的車款是1908年的Model 4——指生產的第四年；後綴字母能標示出精確的車款類型，例如「A」代表點火磁電機，其中最基本的型號僅以年式數字標示。第一個「後綴字母」其實是一個前綴字：在1912年把「X」放在年式前，代表的是後離合器。

因此，1909年生產Model 5，1910年生產Model 6，以此類推，直到1916年（Model 16），所有車款都開始採用製造年分的最後兩個數字。因此Model 16B是1916年單缸引擎的基本車款，16E是雙缸引擎基本款，16J是三速雙缸引擎，配有完整的電力系統。不幸的是，哈雷長久以來都有個壞習慣，就是產品的前置時間——例如，你可以在1999年的年尾購買多數「2000年」的車款，這常常造成額外的歧義。

後來，隨著車系轉變為完全由V-twin引擎所構成，後綴字母變得更多更複雜了，不過基本的年分前綴規則依然公開使用至1969年（嚴格說起來是延續至今）。一開始的命名幾乎沒有嘗試建立後綴字母與其意義的邏輯關係，不過最近這種關係越來越清楚了。

不是所有英文字母都有使用過（「Y」是例外），光是這點就夠令人感到氣餒了，此外還有幾個字母在不同時期代表了不同的意義。同樣地，相同的產品「特色」也有不同的代號，像是電起動曾分別用「B」和「E」來表示，而「E」也曾用來代表61英寸Knucklehead和Panhead引擎（對應代表74英寸引擎車款的「F」），甚至包括警用車款。最近，「B」也分別代表了皮帶傳動、Daytona和Bad Boy，在此僅舉三例。

目前所有哈雷車款名稱都是以兩個字母開頭，以表示特定引擎和車架的組合，因此，XL屬於Sportster車系，配備固鎖式安裝的883cc或1200cc引擎，而後綴用法可以追溯至1957年最早的55英寸XL Sportster。

「FX」第一次出現在1971年的Super Glide上，「X」是指該車款借用了更輕的Sportster前端。後綴字母FX現在指稱搭載Twin Cam引擎或81.6立方英寸（1340cc）Evo引擎的許多車款。FXD現在代表Dyna車系，其兩點式橡膠減振座安裝的引擎可追溯至1991年的FXDB Sturgis引擎架。FXST代表Softail，引擎採固鎖式安裝在先前FX車系的車架上。

「重型」車款（並不是說其他車款就很輕）從1941年開始就使用FL這個後綴詞，「F」指新的74英寸Knucklehead引擎，其中Special Sport版本則用「L」代表。現在FL代表的是使用橡膠減振座的大型雙缸引擎：Electra和Tour Glide，不過使用固鎖式引擎的FLST Softail車款則是例外，像是Fat Boy和Heritage Softail。

右邊的表格概略地描述了已經使用的後綴字母。

	後綴字母的現代意義	歷史意義
A	–	陸軍（軍規）／（在Servi-Car上）沒有牽引桿
B	指Bad Boy車款中的Bad、皮帶傳動和Daytona	電起動／更早是指鋁活塞
C	客製、Classic、Café Racer中的Café	「競賽」／商用／加拿大規格
CH	–	「競賽熱門」：裝有磁電機的超級運動摩托車
D	Dyna、Daytona	還有至少四種意思
DG	Disc Glide	–
E	（舊時表）電起動，以前則代表61英寸的ohv引擎和一些警用車款	–
F	Fat Boy	作為前綴詞是指74英寸的ohv引擎；作為後綴詞是指腳踏換檔
H	理論上代表額外動力，但通常是多餘的	額外動力／高壓縮比／更大的引擎
I	燃油噴射系統	–
J	–	電池電力系統（與磁電機相對）
L	–	Sport車款規格；「LD」指Special Sport車款
LR	Low Rider	–
N	Nostalgia	鐵製活塞
P	–	警用車款／1949年ohv車款的彈簧前叉
Q	–	雙座邊車
R	Road King	賽車／仿賽車（XR1000）
S	Springer車款，像是FXSTS的最後一個字母（Springer Softail），或是Sport，像是FLHS（Electra Glide Sport）	邊車規格／有時指Sport
SP	運動版車款，像是FXRS-SP Low Rider運動版	–
ST	Softail	–
T	旅行車款，搭載安裝在車架上的整流罩	倒車檔／雙缸
U	Ultra	「受限」引擎
WG	Wide Glide	–
X	某些Sport車款	後離合器

本書索引請掃描QR-Code

作者
麥克‧戴爾米德
Mac McDiarmid

國際知名摩托車記者與攝影師，曾在四個州騎過哈雷摩托車。曾是英國摩托車雜誌《Bike》的編輯，出版過七本書，同時為十幾個國家的摩托車雜誌定期撰稿。

譯者
楊景丞

政治大學心理學系畢，曾任職影視字幕編輯，目前為專職譯者。

世界重機聖經
品牌故事╳經典車款，超過 570 張精美圖片
一窺最受歡迎重機品牌的百年革命進化

作者麥克‧戴爾米德 Mac McDiarmid
譯者楊景丞
主編趙思語
責任編輯秦怡如
封面設計羅婕云
內頁美術設計李英娟

執行長何飛鵬
PCH集團生活旅遊事業總經理暨社長李淑霞
總編輯汪雨菁
行銷企畫經理呂妙君
行銷企劃專員許立心

出版公司
墨刻出版股份有限公司
地址：台北市104民生東路二段141號9樓
電話：886-2-2500-7008／傳真：886-2-2500-7796
E-mail：mook_service@hmg.com.tw

發行公司
英屬蓋曼群島商家庭傳媒股份有限公司城邦分公司
城邦讀書花園：www.cite.com.tw
劃撥：19863813／戶名：書虫股份有限公司
香港發行城邦（香港）出版集團有限公司
地址：香港灣仔駱克道193號東超商業中心1樓
電話：852-2508-6231／傳真：852-2578-9337
城邦（馬新）出版集團 Cite (M) Sdn Bhd
地址：41, Jalan Radin Anum, Bandar Baru Sri Petaling, 57000 Kuala Lumpur, Malaysia.
電話：(603)90563833／傳真：(603)90576622／E-mail：services@cite.my
製版‧印刷漾格科技股份有限公司
ISBN978-986-289-701-0‧978-986-289-703-4（EPUB）
城邦書號KJ2050　**初版**2022年10月
定價990元
MOOK官網www.mook.com.tw
Facebook粉絲團
MOOK墨刻出版 www.facebook.com/travelmook
版權所有‧翻印必究

國家圖書館出版品預行編目資料

哈雷：世界重機聖經：品牌故事X經典車款,超過570張精美圖片,一窺最受歡迎重機品牌的百年革命進化 ／ 麥克.戴爾米德(Mac McDiarmid)作；楊景丞譯. -- 初版. -- 臺北市：墨刻出版股份有限公司出版：英屬蓋曼群島商家庭傳媒股份有限公司城邦分公司發行,2022.10
256面；19×26公分. -- (SASUGAS ;50)
譯自：Harley-Davidson : the most revered motorcycle in the world shown in over 570 glorious photographs
ISBN 978-986-289-701-0(精裝)
1.CST: 哈雷戴維森機車公司(Harley-Davidson Motor Company)
2.CST: 機車業
484.31　　　111003181